디자인 뇌를 열다

건축의 창의적 발상

미야우지 가즈히코 저
황 희 준 역

기 문 당

Japanese title: Dezain Nou wo Hiraku
edited by Kazuhiko MIYAUDI

Original Japanese edition
published by SHOKOKUSHA Publishing Co., Ltd. Tokyo, Japan

머 리 말

'창조성'이 있는지 없는지는 실제 '작품'으로 만들어 보지 않으면 확실하게 알 수가 없다. 그런데 작품으로 만들기에 앞서 무엇을 어떻게 해야 '창조했다'고 말할 수 있는 것인지 그 '발상 메커니즘'에 대해 나름대로 이해하고 있지 못하면 스케치에 손을 댈 수도 없다. 그렇다면 '발상하는 방법'은 배울 수가 있는 것일까? 도면을 작성하거나 배치도를 그리는 일이야 어느 정도 배우면 그 순서를 익혀서 할 수 있겠지만, 이제까지 없던 새로운 것을 생각해내는 방법은 그렇게 순서를 익히듯이 배울 수 있는 것이 아니다.

필자가 대학을 다니던 시절, 설계제도 시간에 있던 일이다. 교수님께서 마지막 수업 시에는 작품을 제출해야 하며, 그 작품으로 창조성이 있는지 없는지를 평가하겠다고 하셨다. 그 말을 듣고 나는 교수님께 창조성이 평가대상이 된다면 애초에 처음 수업에서 무엇을 어떻게 해야 창조적인 것인지 그 발상 메커니즘에 대한 강의가 있어야 하지 않겠느냐는 질문을 했었다. 지금 생각하니 꽤나 당돌한 질문이었지만 내 나름대로는 심각했다. 교수님께서는 잠시 후 스스로 생각해보라는 대답을 하셨다.

그로부터 십수 년이 지나고 필자 역시 현재 대학에서 건축디자인을 가르치는 입장이 되어 있다. 얼마 전 어느 학생에게서 '창조가 무엇이냐'는 질문을 받고는 당황스럽기도 하고 지난날의 내 모습이 떠올라 웃음이 나기도 했다. 결국 나 역시 술술 답해주지 못했다. 그러지 못했던 이유는 '발상'이 무엇인지 설명하려면 'A는 B'라는 식으로 해야 한다고 생각하고 있었고, 그러기에는 제한된 짧은 시간에 말하기가 무리였기 때문이다.

그런 일이 있고 나서 이제까지 없던 '새로운 것을 생각한다'는 것은 어떻게 해야 되는 것인지 그 방법을 알려주는 책을 써보기로 마음먹었고 마침내 이 한권의 책으로 완성된 것이다.

이 책에서는 건물보다는 사고하는 방법을 설명하는 데 역점을 두었다. 이 책에서 가장 이해시키고자 하는 것은 새로운 것을 생각하기 위한 사고방법에 적어도 세 가지가 있다는 것이다. 그 세 가지를 이해하면 발상의 폭은 크게 넓어질 것이다. 세 가지 사고방법의 기본은 이미 초등학교 때 배운 것이며, 자신의 뇌 안에서 일어나고 있는 생각의 구조가 어떻게 이루어지는지 이해할 수 있으면 자기만의 발상법을 만드는 것은 그다지 어렵지 않을 것이다.

사고하는 방법을 배우기 위해서는 철학, 논리학, 기호론 등의 전문용어를 사용하지 않을 수 없는데, 가급적 가장 적합한 언어를 사용하기 위해 노력했다. 좀더 자세히 알고자 하는 독자들을 위해 첨부 설명과 문헌을 수록했으므로 참고해도 좋을 것이다.

이 책에서 사용되고 있는 건축사례는 이미 역사 속에서 가치를 인정받은 작품들이며 새로운 것은 없다. 한결같이 오래된 것뿐이다. 필자의 견해로는 과거에서 현재에 이르는 역사 속에서야말로 발상 메커니즘을 해명하기 위한 힌트가 숨겨져 있다고 생각한다. 과거는 수천 년 전의 것부터 가까운 과거의 것까지 포함되며, 어떤 문제가 있을 경우 테마의식을 가지고 임하면 역사는 미래를 제시해줄 아이디어의 보고(寶庫)가 될 것이다.

현재에서 미래로 어떻게 길을 열어야 하는지는 여러분 스스로 생각해보기 바란다. 이 책에는 앞으로 이런 것이 새로운 건축이 될 것이라는 것에 대해서는 쓰여 있지 않다. 이제까지 없던 새로운 것을 생각해내는 것을 어떻게 하면 되는지 그 방법에 대해 쓴 것이기 때문이다. 무엇을 하면 좋을지 모르는 상태에서 미래만 보고 달려 나간다 해도 어쩔 수 없다. 무엇을 어떻게 해야 '발상'이라고 말할 수 있는 것인지, '창조'라는 것에 이르기까지의 사고 프로세스를 해설하고자 한 것이다. 창조적인 것에 관심이 있는 분들께 이 책이 조금이라도 도움이 될 수 있다면 더없이 기쁠 것이다.

미야우지 가즈히코

차 례

차례

서장 디자인뇌를 열기 위해서

알비(Albi)성/어미거북 위에 새끼거북을 태우고..이런 식으로

단번에 '기발하다' 고 생각한 아이디어도 나중에 돌이켜보면 '순서를 밟아 생각했던' 것임을 알 수 있다. 순서를 밟는다는 것은 '앞' 에 생각되어야 할 것을 먼저 생각하고 '뒤' 에 생각되어야 할 것은 나중에 생각한다는 것이다. 아이디어를 내기 위해서는 이처럼 논리적으로 생각하는 것이 매우 중요하다. 이는 오감을 통해 들어오는 '이미지의 앞뒤' 와 '언어사용법의 전후관계' 에 차이가 없어야 한다는 것이다. 따라서 건축디자인을 시작하고자 할 경우 뇌 속에 충분한 양의 '기억' 이 저장되어 있는 것이 중요하다. 이 기억은 '이미지기억' 과 '언어기억' 이다. 그리고 생각을 진행시켜 나가기 위한 '순서' 에는 성질을 달리 하는 것이 적어도 세 가지가 있다는 것을 이해해야 한다. 본론에 들어가기 전에 이러한 차이를 잘 이해해 두기 바란다.

1 기억

어느 분야나 마찬가지겠지만 디자인 세계는 아이디어를 얻기 위해 발상을 시작할 때 '기억=memory'가 없으면 아무 것도 시작할 수 없다. 건축디자인 역시 마찬가지이다. 발상공학의 연구자인 나카야마 마사카즈(中山正和)의 저서 《'지혜'의 재발견》[1]을 보면 이제까지 없던 새로운 것을 생각해내기 위해서는 다음과 같은 두 가지 기억이 필요하다고 말하고 있다.

1. 이미지기억
2. 언어기억

'이미지 기억'이란 자신의 오감을 통해 얻어진 '외부 자극의 기억'이다. 오감이란 일반적으로 시각, 청각, 후각, 미각, 촉각을 말하는데, 건축디자인에서는 그 외에도 근육감각, 온습도감각, 통쾌감각, 발로 느끼는 보행감각, 손으로 느끼는 동작감각 등이 있다.

이미지기억은 저금을 하듯이 모아두기를 할 수 있다. 그리고 필요할 때 꺼내서 디자인에 도움이 되게 할 수 있다. 이미지 기억은 언어 중심으로 이루어지는 교실 수업에서는 얻을 수 없는 것으로, 예를 들어 영화관을 설계하려면 영화관에 직접 가보고, 제사장을 설계하려면 제사장에 직접 가봄으로써 얻어지는 것들이다.

이미지기억은 자신의 몸을 통해 얻어지는 것이기 때문에 이 단계에서는 아직 언어기억으로 연결되지 않는다.

---

1) 《'지혜'의 재발견》 中山正和 저, 발상법에 대해 관심이 있는 분이라면 꼭 한 번 읽어보기 바란다.

이미지와 기억

눈 ➜ 시각이미지 ➜ 기억
귀 ➜ 청각이미지 ➜ 기억
코 ➜ 후각이미지 ➜ 기억
입 ➜ 미각이미지 ➜ 기억
피부 ➜ 촉각이미지 ➜ 기억

건강한 정상인이 '뭔가를 알고 있다'고 말할 때에는 '이미지 기억'과 '언어 기억'이 섞여서 종합적으로 기억되는 경우가 많은데, 여기서 '언어 기억'의 바탕에 '이미지 기억'이 있다는 사실을 가르쳐 준 일화가 있다. 바로 헬렌 켈러 2) 의 이야기이다. 어릴 때 시각과 청각을 잃은 헬렌 켈러는 미각, 후각, 촉각이라는 원시적인 감각만으로 주위 세계를 느꼈다. 어느 날 우물가에서 설리번 선생은 손바닥 위의 '차가운 뭔가(촉각이미지)'와 지문자 'water'를 결부시키는 방식으로 '물'이라는 것을 알려주었다. 건강한 정상인들은 눈이 보이고 귀가 들리는 것을 당연한 것으로 받아들이기 때문에 사물에는 이름이 있고 그 바탕에는 이미지가 있어서 의문을 가질 기회가 별로 없다.

감각기관 중 어느 하나라도 제 기능을 못하게 되면 그 기관이 아닌 다른 곳으로 이미지와 언어를 결부시킨다는 것이 얼마나 어려운 것인지를 알려주는 일화이다.

디자이너를 지향하는 사람이라면 먼저 이 같은 '이미지 기억'과 '언어 기억'의 차이를 이해하고 있어야 한다.

---

2) 헬렌 켈러(Helen Adams Keller)
1880~1936. 미국의 여류교육가. 2살 때 시각과 청각을 잃었으나 엄청난 노력으로 대학을 졸업. 장애인 원조를 위해 일생을 바친 사회복지가. 일본에 세 번 방문. 저서로는 《나의 생애》 등이 있다.

2 이름 붙이기

헬렌 켈러의 이야기에서 '언어의 수를 늘려간다'는 것은 곧 또 하나의 세계를 창조하는 것으로 이어짐을 알 수 있다. 언어는 '이름 붙이기'에 의해 창조되는 또 다른 작용이 있다.

그 작용은 구약성서 [3] 의 '창세기'를 읽어보면 알 수 있다. 예를 들면 '하나님이 빛과 어둠을 나누셨으며, 빛은 낮이라고 이름 짓고 어둠은 밤이라고 이름 지었다...'는 대목이다.

여기서 알 수 있는 것은 세계를 '분절articulation'하고, 이어서 '명명naming' 해 가는 과정이다. 세계는 아무 것도 없는 공허한 카오스 상태에서 '빛과 어둠' '하늘과 땅' '식물과 동물' '남과 여'처럼 대립적으로 나뉜다. 그리고 나중에 언어가 붙여진다. 세계는 마치 우주 최초의 균질한 '우주알'처럼 완전히 대조적이며 그 안에 '차이'가 없었다면 이름을 붙일 수 없었을지도 모른다.

사물에 이름이 붙여지기 위해서는 '요소element'로 나뉘어져 있고, 부위 간에 기능적인 '차이difference'가 있으며, 전체적으로 하나의 '집합set'을 이루어야 한다.

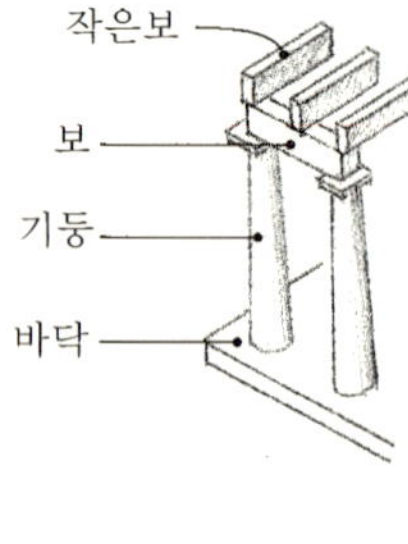

부위 '기둥·보·바닥'

3) 《성서》 the Holy Bible
바이블이라고도 한다. 크리스트 탄생 이전의 구약성서와 탄생 이후의 전도에 대해 쓰인 신약성서의 두 가지로 이루어지며, 유대교에서는 구약만을 성서라고 부르고 있다. '창세기'는 구약성서에 쓰여 있다.

건물의 각 부위에는 보, 기둥, 바닥 등과 같은 이름이 붙어 있다. 이들이 명명되기 위해서는 요소로 나뉘어져 있고, 그들 간에는 기능적인 차이가 있어야 하며, 전체적으로는 하나의 집합을 이루어야 한다.

고대 그리스의 '오더order=양식'가 성립된 과정을 보면, 분절이 이루어지고 나서 명명되어 가는 성서의 창세기에서와 같은 과정을 거쳤음을 알 수 있다.

고대 로마의 저술가인 비트루비우스[4]가 쓴《건축십서》에서 오더의 일종인 '도리스식 오더'의 성립과정을 살펴보자. 그리스 신전은 종래에는 목조로 지어졌는데 다시 지으면서 점차 석조로 바뀌었다. 그리고 '스타일style=양식'으로 결정화 되어 갔다.

상부구조를 형성하고 있는 '엔타블러처entblature'라 불리는 수평 보에 닿는 부분, 이를 수직으로 지지하는 기둥 부분, 그리고 상부의 하중을 땅으로 전하는 '스타일로베이트stylobate'라 불리는 기단부분으로 명확히 분절되어 있다. 그리고 전체적으로는 하나의 집합을 이루고 있다. '오더'란 이들을 '일체'로 다룬 것을 말한다.

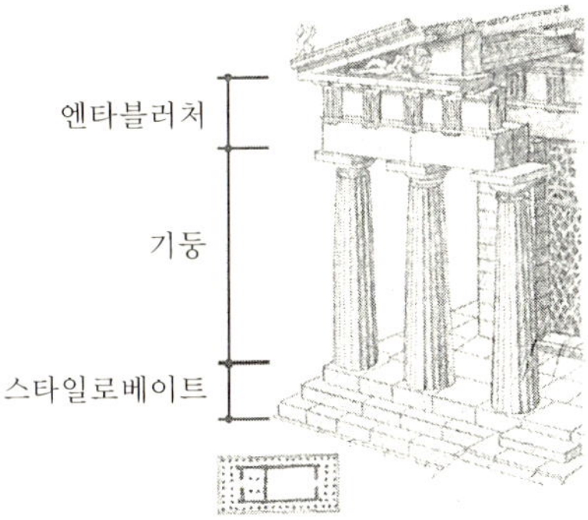

파르테논신전

---

4) 비트루비우스(Vitruvius, Marcus Pollio)
기원전 1세기의 고대 로마 건축가, 기술가. 아우구스투스에게 바친《건축십서》로 유명하다. 고대건축의 형식과 재료, 신전, 공공건축, 주택, 천문학 등에 대해 논한 것으로 르네상스 건축가에게 큰 영향을 미쳤다. 건축디자인을 목표로 한다면 꼭 한 번 읽어보기 바란다.

3 전체를 나타내는 언어

'언어'가 주어져 일단 명명되고 나면 이제 그 언어는 다시 세계를 분절하는 신기한 힘을 가지고 우리 앞에 나타난다. 세계는 본래 차이가 있었기 때문에 이름을 지을 수 있었던 것이다. 하지만 그 차이는 '연속적'이었는지도 모른다. 언어에 의해 '빛과 어둠'처럼 디지털방식(이진법적)으로 분절되었다 하더라도 원래 세계는 아날로그적이며 경계는 없었는지도 모른다. 언어에는 이처럼 '경계를 무시하는' 성질이 있다.

과학은 말 그대로 분과(分科)하는 것, 즉 나누어 감으로써 사물의 본질을 밝히려는 학문이다. 과학은 분절된 것이나 좀더 세분화하여 분절된 것에 이름을 붙이는 것을 지금까지 모든 장면에서 행해왔다. 그 결과, 분절되기 전에 갖추어져 있던 '전체적total'인 것이나 '생명적vital' 인 것을 놓치게 되는 사태에까지 이르게 되었다.

프랑스의 철학자 베르그송[5] 은 실증과학의 본질이 '분석analysis'을 통해 기호화하는 데 있다고 말하였다. 하지만 기호화는 이름을 붙이는 것에 지나지 않으며 결코 사물의 진실인 '전체'에 도달할 수 없다.

실증과학에서는 분석을 통해 '생물'을 이해할 수는 있지만 살아 있는 '생명'을 파악할 수는 없다. 실재의 파악은 '직감intuition'을 통해서만 할 수 있다고 베르그송은 말했다. 이러한 '생의 철학'[6] 에 대한 견해는 현대의 예술

---

5) 베르그송(Bergson, Henri Louis)
1859~1941. 프랑스의 철학자. 주요 저서로는 《창조적 진화》 가 있다. 방법적으로는 직감주의, 사조적으로는 생의 철학에 속하며, 물질과 정신의 두 실재가 심리적 존재인 인간과 얼마나 결합되는지를 밝히고자 했다.

6) 생의 철학(Philosophy of life)
19세기부터 20세기에 걸쳐 독일, 프랑스에 나타난 철학. '생'을 모든 사물에 우선하는 근본적인 것으로 보고 생을 이해하기 위해 비합리적인 직감이나 심정적인 체험에 의존하고자 했다.

세계에도 큰 영향을 미치고 있으며 들뢰즈[7)]처럼 사물 내에 있는 '내적 차이'를 인정한 후에 사물의 '전로서의 본질'을 이해하려고 하는 철학자도 나왔다.

건축디자인 세계도 분석의 과정을 통해 엄밀한 '분절'을 중요시하는 디자인 방법이 있는데 반해, '전체'를 유기적으로 또는 생명적으로 다루는 것을 중요시하는 디자인 방법이 있다.

예를 들면 가우디[8)] 의 건축은 어디에서 어디까지가 기둥이고 어디에서 어디까지가 보인지 그 구조를 파악하기 어렵고, 그러한 관점을 거부하는 장면은 곳곳에서 볼 수 있다. '생명적'인 건축을 이해하려면 언어로 '분절적'으로 접근하기보다는 건축을 하나의 유기적인 전체로 여겨 직감적으로 파악하거나 또는 이미지로 파악하는 것이 그 본질에 좀더 잘 다가갈 수 있다.

이러한 경우 언어를 사용할 때에는 이미지와 잘 대응되도록 하여 전체를 놓치지 않도록 한다.

카사 밀라(가우디 설계)

---

7) 들뢰즈(Deleuze, Gilles)
1925~1995. 프랑스의 현대철학자. 저서로는《차이와 반복》 등이 있다. '리좀', '노매드' '도주' 등 새로운 언어를 구사하여 사상을 전개했다.

8) 가우디(Gaudi, Antonio)
1852~1926. 스페인의 건축가. 카탈로니아에서 동세공사의 아들로 태어나 바르셀로나에서 건축을 공부하고 그곳에서 제작활동을 하다가 생을 마감했다. 그의 작풍은 그 이전에는 없던 독특한 형식을 나타냈으며, 대표작으로는 사그라다 파밀리아교회가 있다.

4 개념 형성

몸의 어느 곳에선가는 기억하고 있지만 아직 언어화 되지 않은 기억을 언어로 나타내려고 맨 처음 노력한 것이 초등학교 여름방학 숙제로 작문을 써내야 했던 때가 아닌가 싶다.

태어나서 처음으로 '바다'에 가보고 얼떨결에 먹은 바닷물이 엄청나게 짰던 것, 바다 속에서 눈을 떴을 때 의외로 입체감 있게 펼쳐졌던 해수풍경 등이 떠오른다. 이러한 경험을 떠올려 작문으로 표현하려고 했다. 바로 이미지 기억이 언어가 되는 순간이다.

여기서 표현되는 바다는 사전을 찾으면 알 수 있는 '바다란 이러이러한 것'이라는 일반적인 내용과는 달리 '나만이 알고 있는 바다의 내용'이다.

이렇게 체험을 언어로 표현하는 것을 '살아있는 개념' [9] living concept이라 한다. '살아있다'는 것은 '실제로 체험했다'는 것이며 '개념'이 되었다는 것은 '언어'로 나타냈다는 것이다.

'언어'가 된 것을 좀더 자세히 살펴보면 바다라는 '표제' 부분과 그 '내용 설명'이 되는 부분이 있다. '언어'에는 '언어를 언어로 설명할 수 있는' 특징이 있다.

언어학자인 소쉬르[10] 는 발음하는 대로 들리는 부분을 '시니피앙(청각영상)'이라 하고, 그 내용이 되는 부분을 '시니피에(개념)'라고 하여 구별지었다. '음성'에 노이즈가 들어 있어 통하지 않는 경우도 있지만 언어의 내용설명이 되어 있는 '개념'에 대한 공통인식이 없는 경우가 있다. 이를 좀더 자세

---

9) 개념(concept)
컨셉의 어원은 컨셉션 conception(임신)에서 유래한다. 뱃속에 아기를 품듯이 머릿속에 생각을 품음으로써 개념(생각)이 생겨난다는 창조적인 의미가 어원 속에 내포되어 있다.

10) 소쉬르(Saussure, Ferdinandde)
1857~1913. 스위스의 언어학자. 저작물은 남아있지 않지만 대학에서 강의했던 강의록과 유고를 제자들이 모아 《언어학원론》 으로 출판했다. 주요 내용은 '랑그langue' 와 '파롤parol' 의 차이, 공시론과 통시론의 차이, 자의성과 선조성의 차이, 소기(개념)와 능기(청각영상)의 차이 등을 밝혔다.

히 살펴보자

'살아 있는 개념'은 오감으로 느끼는 사람의 수만큼 다른 개념이 존재하게 된다. 그러면 같은 언어를 사용하더라도 서로 '의사소통=커뮤니케이션' 을 할 수 없다. 만일 어떤 '언어'에 대해서 누구나 '공통'적으로 느끼고, 그것이 그 '언어의 내용'이 될 수 있으면 의사소통은 자연스럽게 이루어진다. '바다'를 예로 들면, 바다가 가진 각각의 특수성을 빼고도 '바다'에 대한 공통관념을 형성할 수 있으면 이는 바다에 대한 '일반개념'이 된다. 공통관념이므로 한 사람만이 아닌 여러 사람이 공유할 수 있게 된다. 단순히 '개념' 이라고 할 때 이를 가리키는 경우가 많다. 이처럼 사물의 '같은 성질'에 대해 일어나는 작용을 '일반화 generalization'라고 한다.

이 책의 테마는 '창조'이며 이를 위한 판단기준이 될 '일반개념'도 물론 필요하지만 약간 치우침이 있더라도 세상에 단 하나밖에 없는 '살아있는 개념'도 매우 중요하다.

5 뇌의 역할

이 책은 이제까지 없던 '새로운 것을 생각한다'는 것이 테마이다. 따라서 '생각한다'는 것의 일단을 맡고 있는 '뇌의 작용=기능'에 대해 알아보고자 한다. 도키자네 도시히고(時実利彦)가 쓴《눈으로 보는 뇌》[11]에 의하면, 뇌에는 다음과 같이 크게 '네 가지 역할'이 있다고 말하고 있다.

1. 살아있다……………………… 반사활동, 조절활동……… 뇌간·척수계
2. 왕성하게 살아간다…………… 본능활동, 정동행동…… 대뇌변연계
3. 교묘하게 살아간다…………… 적응행동……………………… 신피질계
4. 잘 살아간다……………………… 창조행동……………………… 신피질계

'살아 있다'는 것은 생명이 있는 모든 생명체에게 갖춰진 신경계의 작용이다. 쥐나 곤충 등도 가지고 있으며, 인간의 뇌에도 있다. 감각기관은 자극을 받으면 행동지령을 내린다. 반사활동이나 조절활동이 있으면 거기에 살아있는 상태를 보고 얻는다.

'왕성하게 살아간다'는 본능행동에 속하는 먹고, 자고, 배설하는 작용으로 태어나면서부터 '생명'의 작용에 포함된다. 정동행동은 태어나서 바로

뇌의 작용

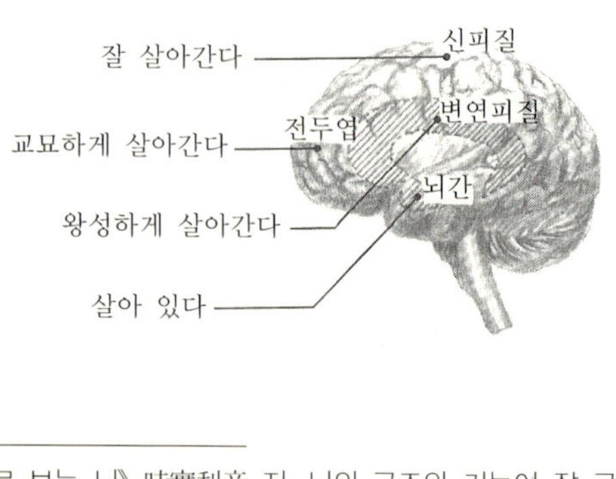

11)《눈으로 보는 뇌》時實利彦 저. 뇌의 구조와 기능이 잘 구분된 책

'각인' 12)으로 기억되는데, 좋아하는 음식과 싫어하는 음식이 생기는 것이 이 무렵이라고 한다.

'교묘하게 살아간다'에서 중요시되는 것은 '기억'일 것이다. 그 중 우뇌의 역할인 '이미지 기억', 좌뇌의 역할인 '언어기억'이다. 좌뇌와 우뇌의 사이에는 '뇌량'으로 촘촘히 이어져 있다.

마지막으로 '잘 살아간다'는 인간에게서만 볼 수 있는 '창조활동'이다. 새로운 것을 알아내거나 논리적으로 그 다음을 추론하여 생각하는 것은 좌뇌와 우뇌 사이에 걸쳐있는 '전두엽'에서 행해지고 있다.

20세기 건축이 지향한 목표는 보다 높고 보다 넓은 공간을, 보다 빠른 속도로 건설하게 되어 지금보다 더 잘 사는 것을 목표로 했다. '새로운 뇌'로 생각하는 건축이었던 걸로 여겨진다. 그에 대해 21세기는 환경시대라고 한다. 생명이나 무한할 것이라 여기던 물, 공기, 숲을 중요시 여기며 '오래된 뇌'로 생각하는 것을 해야 할 세기인지도 모른다. 여기서 뇌의 작용을 건축디자인에 도움이 되도록 다음과 같은 2가지로 정리해 보고자 한다.

1. 생명을 잘 유지하다 .... 오래된 뇌
2. 더 잘 살아가다 .... 새로운 뇌

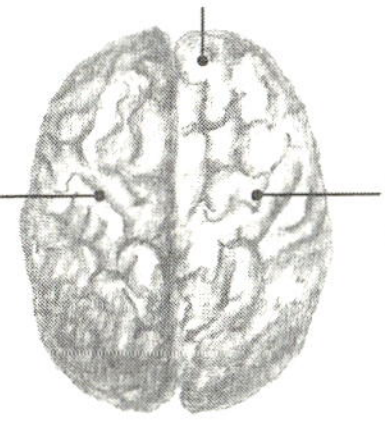

12) 각인(imprinting)
부화 직후 눈이 보여 보행을 할 수 있는 조류는 눈앞에 움직이는 것을 뒤쫓아 가는 반응을 나타낸다. 이 현상은 로렌츠에 의해 처음 보고된 것으로, 경험을 필요로 하지 않고 조건이 만족되면 매우 짧은 순간에 성립된다.

6 논리의 시초

아이들이 맨 처음 언어를 기억하기 시작하는 것은 엄마와 맘마의 차이를 어른들에게 지적받고 엄마와 먹을 것은 다르다는 것을 알게 되면서부터이다. 이렇게 '이미지'와 결합된 '언어'를 여기서는 '파롤parole=언어행위'라고 부르겠다.

또 한 가지 예로, '먹다' '이' '밥' '갈다'라는 파롤이 있다고 하자. 엄마가 아기에게 '밥을 먹은 다음에는 이를 닦아야지'라고 했을 때 아기는 그 말을 따른다.

따로따로 있는 네 개의 단어가 앞뒤로 나열되어 하나의 문장형태로 아기의 머릿속에 기억된다. 이처럼 이미지와 직결되는 '하나로 이어진 문장'을 '랑그langue=언어' 라고 부르겠다. 여기서는 눈앞에서 일어나는 일의 '이미지의 앞뒤'에 따라 '언어의 전후관계'가 구성된다.

이와 같은 '랑그'가 여러 차례 반복되고 엄마가 몸을 사용해서 '동작'도 곁들여 몇 번 계속되면, 밥을 먹는 것이 '먼저'이고 이를 닦는 것이 '나중'이라는 규칙이 아이의 머릿속에 각인된다.

논리의 시초

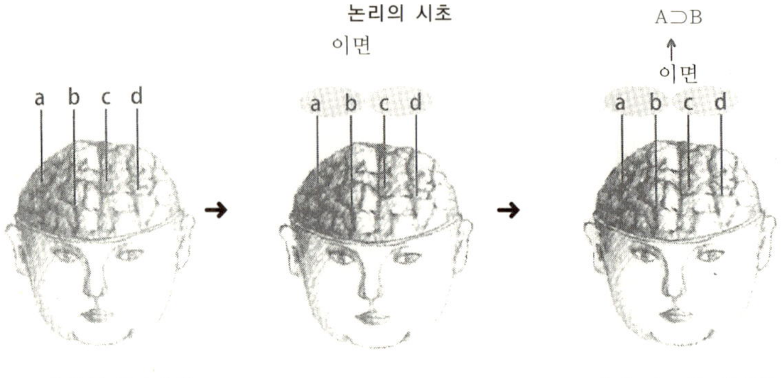

파롤의 공간배치　　랑그의 선배치　　메타 랑그의 선배치

‘밥을 먹는다’를 A, ‘이를 닦는다’를 B로 바꿔 보겠다. 그러면 ‘A 뒤에는 B를 한다’, 즉 ‘A이면 B’라는 관계가 있음을 알 수 있다. 이 관계는 언어에도 있고 이미지에도 있다. 즉 둘 다 포함되어 있다.

언어에는 단어를 하나의 선처럼 나열시켜 문장을 만드는 ‘선조성’이라는 성질이 있다. 회화나 조각 등의 ‘공간배치성’에 의한 표현형식과는 다른 성질이다. 언어가 가진 이러한 독특한 선조성에 의해 ‘따라서 …이렇게 된다’는 식의 설명을 할 수 있게 되는 것이다.

이 같은 설명이 가능한 ‘A이면 B’라는 사고순서를 미리 알려주면 그 다음부터 A라는 오감에 호소하는 ’자극‘을 만났을 경우 B라는 ‘행동’이 되어 나타나는 것을 기대할 수 있다.

이렇게 사고하는 방법을 여기서는 ‘논리logic’라고 부르겠다.

기호논리학[13] 에서는 ‘A이면 B’를 ‘A⊃B’로 나타낸다. 이는 언어행위인 파롤을 A 또는 B라는 추상적인 대용어로 치환한 것이다. 이러한 사고순서만 뽑아서 나타낸 언어를 ‘메타 랑그meta langue=논리어’라고 한다.

다소 어려운 듯하지만 언어에는 각각의 ‘단어’상태를 앞뒤로 나열하여 ‘문장’상태로 만들었을 때 거기에 ‘논리’가 생겨남을 알 수 있다.

---

13) 기호논리학(symbolic logic)
러셀과 화이트헤드에 의해 완성된 것으로 모든 문장은 기호로 나타낼 수 있다고 여기고 논리계산, 논리대수와 거의 같은 의미로 사용되고 있다. 예를 들면, 문장의 내용을 논리변항 p, q, r 등으로 치환할 수 있으며 다음과 같은 결합자를 사용할 수 있다.

‘이면’............⊃
‘그리고’........ ·
‘또는’........... ∨
‘아니다’........ —

‘밥을 먹었다’를 p라 하고, ‘이를 닦는다’를 q로 바꾸면 ‘p⊃q’로 나타낼 수 있다. 이렇게 하는 것이 무슨 도움이 될까라는 생각을 하겠지만, 컴퓨터 프로그래밍을 할 때 많은 도움이 되고 있다.

7 초등학교 때 배운 것

아이디어를 낸다는 것은 '현재에서 미래로' 향하는 행위인데, 미래만 봐서는 아이디어가 떠오르지 않는다. '과거에서 현재로' 이르는 과정에서 사용되어 온 '사고순서=논리'를 배움으로써 '앞을 내다보다=추론[14)]'을 위한 기술을 습득할 수 있다. 여기에는 크게 나누어 세 가지가 있다. 실제로 이 세 가지의 추론 기술들은 이미 초등학교 때 배운 것이다.

초등학교에서 배운 것		건축디자인 방법	사고하는 방법
산수 · 국어 과학 · 사회	교실에서 법칙을 배우고 그 법칙을 이용하여 문제를 해결한다.	약속사항을 배우고 그 약속사항을 응용하여 디자인한다.	연역
그림 · 공작시 · 체조	자신의 법칙을 발견하고 표현활동에 이용한다.	자신의 약속사항을 발견하고 디자인한다.	귀납
종합학습 자유연구	관찰이나 실험에서 일반법칙을 발견하고 문제를 해결한다.	일반성이 있는 약속사항을 발견하여 디자인한다.	가설 설정

이 세 가지의 사고순서 중 초·중·고·대학교에서 가장 주력하는 것이 '연역'일 것이다. 주력이라기보다는 가르치는 입장에서 볼 때 가장 가르치기 쉽고 배우는 입장에서 봐도 가장 배우기 쉬운 방법이다. 이미 증명되어 있는 '법칙'을 가르치고, 이를 배우기만 하면 되는 것이다.

그 다음으로 가르치기 쉽고 배우기 쉬운 것이 '귀납'일 것이다. 예술이나 스포츠에 주력하는 학교에서는 그 분야에서 유명한 선생님을 초빙하여 학생을 지도하게 한다. 선생님 자신이 이미 자기의 개성을 발견한 경우가 많기 때문에, 즉 '자신의 법칙'을 알고 있는 사람이 많기 때문에 자신이 배우던 때

14) 추론inference
몇몇 개의 명제로 구성되어 있는 전제preposition에서 새로운 귀결conclusion을 이끌어내는 사고작용을 말하며, 추리와 같은 의미로 사용되는 경우도 있다.

의 핵심(요령)을 학생들에게 가르치면 되는 것이다.

가장 어려운 것은 기존의 법칙을 배우는 것이 아니라 이제까지 아무도 알지 못한 법칙을 발견하려면 어떻게 해야 되는지를 배우는 것이다. 이를테면 '가설 세우는 방법'을 배우는 것이다. 그런 면에서 자유연구나 종합학습 과목은 이러한 것을 배우는 데 가장 적절하다. 이때 담당 선생님이 새로운 것을 생각하는 데 흥미가 있고 과거에 발명이나 발견 중 하나라도 했다면 더 바랄나위 없을 것이다.

어떤 사람에게나 자신이 가장 잘하는 것과 못하는 것은 있기 마련이다. 좋은 사고순서는 자기도 모르게 스스로 자기학습을 하고 있는 것이며, 만일 디자인의 폭을 넓히고자 한다면 이 세 가지 중 자신이 '서투른 것'을 의식해서 배우도록 하면 될 것이다. 다소 노력은 필요하겠지만 성공한다면 그 사람은 발상력의 폭을 한층 넓힐 수 있을 것이다.

8 세 가지 논리

초등학교에서 배운 '사고순서=논리'는 '발상법'으로 이어지는데 그 전에 세 가지가 있다는 것에 대해 살펴보기로 한다.

기원전 4세기에 아리스토텔레스는 '연역과 귀납'이 문제를 해결하기 위한 과학적 방법이라고 지적했다. 그 후 이 문제를 다룬 사람은 영국의 프랜시스 베이컨[15] 이다. 베이컨은 특히 '귀납'에 의한 과학정신을 설명하여 영국 경험론 철학을 세운 인물이다.

귀납에는 두 가지가 있다. 예를 들어, 손에 들고 있던 반지가 떨어졌을 때 '지지하는 것이 없으면 물체는 떨어진다'고 말할 수 있다. 여기서 법칙을 발견할 수 있게 된다. 귀납이지만 논리학에서는 이를 '특수적 귀납'이라 부른다. 그런데 뉴턴[16] 은 우주선이 날기 훨씬 이전부터 모든 물체는 '떨어진다'가 아닌 '잡아당기고 있다'고 여겨 '만유인력'의 법칙을 발견했다. 이를 '일반적 귀납'이라 부른다. 가설 설정은 귀납과 유사하지만 그와는 다르다고 생각한 것이 미국의 논리학자인 퍼스[17]였다.

아이디어 기법의 세계에서는 특히 가설 설정이 중요시되는데, 건축디자인 세계에서는 연역, 귀납, 가설 설정의 세 가지를 사용할 수 있다.

---

15) 베이컨(acon, Francis)
1561~1626. 영국 르네상스시대 최대의 사상가. 주요저서로는 《수상록》 이 있다. 중세의 스콜라적인 3단논법을 비판하고, 사물의 진짜 요인을 밝히기 위해서는 귀납법에 의한 경험과학이 중요하다고 주장했다.

16) 뉴턴(Newton, Isaac)
1642~1727. 17세기 영국의 가장 저명한 물리학자이자 수학자. 만유인력 발견자. 자연현상을 수학적 법칙으로 환원하는 것을 자연연구의 방법으로 여기고 실험을 중시했다. 한편 세계를 움직인 최초의 일격은 신에 의한 것이라 생각했다.

17) 퍼스(Peirce, Charlws Sanders)
1893~1914. 미국의 철학자. 기호론이나 프레그마티즘 면에서 공헌을 남겼다. 사고작용을 기호활동으로 다룬 것이 특징이다.

column

[세 가지 논리]

연역(deduction)

고지엔(廣辭苑, 일본어 대사전)에 의하면 '전제된 명제에서 경험에 의지하지 않고 논리의 법칙에 따라 필연적인 결론을 내는 사고순서' 라고 되어 있다. 예를 들면 수학문제를 풀 때 몇몇 개의 정리' 를 알면 답이 구해지고, 인생 문제를 해결할 때는 '손자병법' 을 알아 그에 대처하는 것 등을 들 수 있다. 건축디자인에서도 '황금비를 사용하면 아름답다' 고 하는 미학적인 약속사항을 알고 있거나, 어떤 건물의 엘리베이션 디자인을 할 때 연역으로 생각하는 것 등을 들 수 있다.

귀납(induction)

고지엔(廣辭苑, 일본어대사전)에 의하면 '추리 및 사고순서의 일종. 개개의 구체적 사실로부터 일반 명제 내지 법칙을 도출하는 것, 특수에서 보편을 도출하는 것' 이라고 되어 있다. 지금 사용하고 있는 약속사항이 오래전부터 있던 것이며, 새로운 약속사항이 필요하다고 생각될 때 그 발견을 위한 연구를 시작했다고 하자. 예를 들면 현대에 볼 수 있는 시스템키친은 날이 갈수록 발전을 거듭하고 있다. 다음 제품은 어떤 새로운 디자인으로 해야 좋을까, 구체적인 문제점을 하나하나 해결하면서 연구해 나가 시스템(법칙성) 발견에 이르렀다고 하자. 그리고 전국에서 대히트를 쳤다고 하자. 이런 경우 '귀납' 으로 생각했다고 할 수 있다.

가설설정(abduction)

고지엔(廣辭苑, 일본어 대사전)에는 나와 있지 않았다. 가설 설정을 한마디로 설명하기는 그리 쉬운 일이 아니다. 다음과 같은 설명 예를 들어보겠다. 언어학자인 촘스키는 '보편적 진리는 일종의 규칙성으로 취급할 수 있지만, 이는 개개의 경험적 사실 중에는 결코 자명한 형태로 나타나지 않는다. 보편적 진리를 나타내려면 생각한 것을 먼저 가설형태로 제출하고, 이를 경험적 사실에 비추어 검증하는 방법을 취한다' 고 말하고 있다(《현대언어의 기초》 大橋萬太朗 역, 大修館, 1979). 현대를 선구하고 있는 새로운 '디자인 컨셉' 은 천재적인 디자이너의 기발함이 있으며 누구나 경험한 후 그것이 좋다고 말하면 된다.

9 디자인을 위한 뇌

디자인 세계에서는 생각해낸 '아이디어'를 어떤 형태로든 '표현'하지 않으면 '생각했다'고 말할 수 없다. 건축디자인 세계도 마찬가지다. 대개 다음과 같은 2가지 표현형식으로 나타낸다.

1. 이미지 표현 ……… 스케치[18]
2. 언어 표현 ………… 컨셉

마지막으로 아이디어는 스케치와 컨셉으로 표현되어야 하는데, 여기에 이르기까지의 '사고순서=논리'에는 서로 다른 것이 적어도 3가지 있으며, 이는 지금까지의 설명으로 충분히 알 수 있으리라 생각한다. 이제까지는 어려운 전문용어로 설명했으므로 다음과 같은 이해하기 쉬운 말로 바꿔보겠다.

1. 연역 → 약속사항에서 발상하기
2. 귀납 → 오감으로 발상하기
3. 가설 설정 → 기발함으로 발상하기

롱샹 교회당의 채광

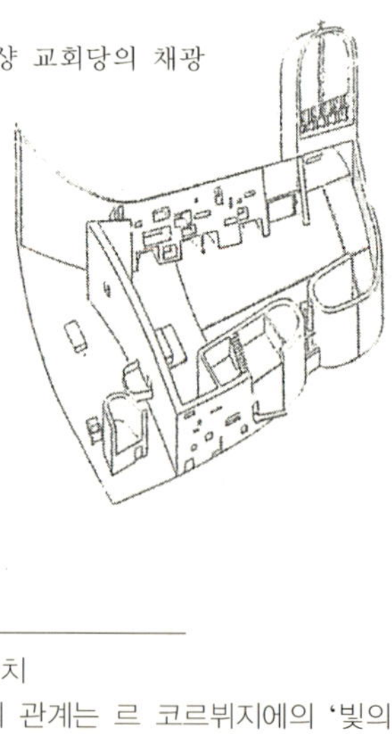

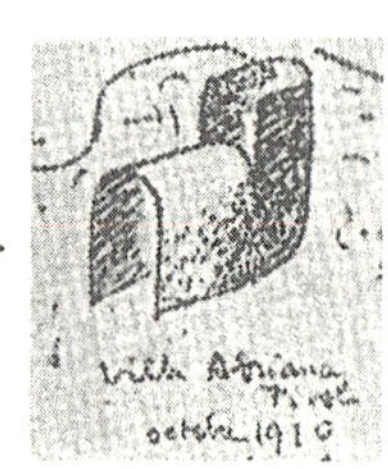

'빛의 동굴'을 컨셉화한 스케치

---

18) 컨셉과 스케치
컨셉과 스케치의 관계는 르 코르뷔지에의 '빛의 동굴'이라는 아이디어로 설명할 수 있다. 만년의 작품인 롱샹의 교회당으로 실현되었다.

column

[세 가지 발상법의 순서]

'발상법' 즉 '발상' 하기 위한 '방법' 이라고 말할 수 있으려면 '순서' 가 정해져 있어야 한다. 여기서는 발상법의 전혀 다른 세 가지에 대해 각각 맨 처음에 무엇을 생각하고, 다음에 무엇을 생각해야 하는지의 순서를 말하고자 한다. 기본은 [논리의 시초]에서 설명했던 'A이면 B' 이다.

약속사항에서 발상하기

1. 기존의 약속사항을 확실히 공부한다.
2. 그 약속사항을 기초로 자신의 응용법을 생각해낸다.
3. 그 응용법을 이용하여 지금까지 없던 새로운 것을 발상한다.

오감으로 발상하기

1. 다양한 오감체험을 하여 구체적인 이미지를 많이 모은다.
2. 풍부한 이미지 기억을 바탕으로 자신의 약속사항을 만든다.
3. 자신의 약속사항을 이용하여 지금까지 없던 새로운 아이디어를 발상한다.

기발함으로 발상하기

1. 착수할 대상의 기존 약속사항을 먼저 공부한다.
2. 다양한 오감체험을 하여 풍부하고 구체적인 이미지를 많이 모은다.
3. 기존의 약속사항과 자신의 이미지 기억을 바탕으로 새로운 가설을 만든다.
4. 그 가설을 이용하여 지금까지 없던 새로운 아이디어를 발상한다.

이 중 어느 것이 좋고 어느 것이 나쁘다고 말할 수 없으므로, 우선 자신이 가장 자신 있는 사고방법을 잘 이해한 후에 다른 방법도 노력해서 마스터하면 된다.

'디자인 뇌'는 지금까지 없던 새로운 것을 생각하기 위한 뇌 모델이다. 새로운 것을 생각하기 위해서는 새로운 정보가 필요한데 이는 두 가지 루트를 통해 들어온다. 하나는 언어를 통해 들어오는 '외부정보(문자정보)'이고, 다른 하나는 오감을 통해 들어오는 이미지를 자신의 언어로 바꿔 만드는 '내부정보(살아있는 정보)'이다. 이렇게 두 종류의 정보를 논리의 뇌에 넣어 '연역'으로 생각하거나 '귀납'으로 생각하거나 '가설 설정'으로 생각하면서 아이디어를 연습한다.

'아이디어'가 얻어져도 어떤 방법으로든 표현을 하지 않으면 '생각했다'고 말할 수 없다. 대개 언어로 표현되는 '컨셉'과 이미지로 표현되는 '스케치'가 사용된다.

스케치라고 하면 요즘 같은 컴퓨터 시대에 무슨 뒤떨어진 방법이냐고 생각하는 사람도 있을 것이다. '전뇌'를 구사하면 간단하게 아이디어를 얻을 수 있다고 착각하는 사람도 있을 것이다. 하지만 여기서 강조하고 싶은 것은 아이디어는 '사람의 뇌'를 통해서만 얻을 수 있다는 것이다. '생각하는 뇌'와 '생각하는 손'이 공동으로 아이디어를 내는 것이다. 손은 '또 하나의 뇌'라고 불리기도 한다. 여행지에서 멋진 건축을 보았을 때 눈으로도 기억하고 스케치(사생)를 해서 손으로도 기억해두면 다음에 뭔가 새로운 아이디어를 낼 때 스케치(제안용 밑그림)에 도움이 될 수 있다.

디자인뇌

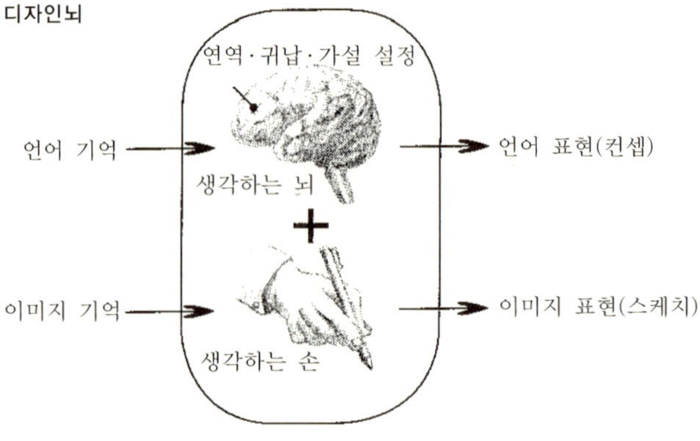

1 약속사항에서 발상하기

파르테논 신전/ 형식에 의해 어느 정도의 레벨까지 질의 확보가 가능....

약속사항에서 발상하는 디자인 방법은 건축세계에서 이미 '약속사항' 으로 인정된 것을 이용하여 디자인하는 방법을 말한다. 그럼 약속사항은 어디에서 찾을 수 있을까? 바로 역사속이다. 동양건축사, 서양건축사, 그리고 근대건축사 속에 있다. 역사 속에서 반복되어 일어나는 '법칙성' 을 발견하여 디자인할 때의 '약속사항' 으로 사용한다. 단, 여기서 말하는 약속사항이란 과학이나 수학에서 사용하는 법칙처럼 엄격한 것이 아니라 변형을 가할 수 있는 유연한 약속사항이다. 약속사항을 배운 다음에는 어떻게 응용할 것인가가 문제인데, 자신의 생각을 넣어서 이제까지 없던 '새로운 것' 을 생각한다. 그리고 작품을 만들어 가면 된다. 이 방법은 '연역적' 인 사고방법이 힌트가 되고 있다.

1 언어로 발상하기

언어다운 것

_언어로 디자인

흔히 '건축언어'로 디자인한다고 말한다. 여기서 말하는 언어란 원래 의미의 언어[1]가 아니라 이른바 '언어다운 것'이라는 뜻이다. 건물은 어떤 식으로든 '형태'를 취하고 있기 때문에 그 형태 내에 전달하고자 하는 의도를 '언어다운 것'을 이용하여 표현하면 디자이너나 클라이언트의 메시지를 건물 앞을 지나가는 사람에게 전할 수 있다.

'고전주의'classicism라고 불리는 건축 디자인 방법 중에는 그러한 '언어다운 것'의 작용이 있음을 알 수 있다. 역사가인 서머슨[2]은 그의 저서 《건축의 고전적 언어》[3]에서 '고전주의의 언어'는 르네상스시대에 그 기초가 만들어지고 중간에 매너리즘(마니애리즘, maniérisme)시대가 있으며 바로크시대에 완성되었다고 말하고 있다. 이 언어는 르네상스 이후 서구세계에서 약 500년 동안에 걸쳐 사용되고 그 동안에 집대성된 것이다. 그가 말하는 건축디자인을 언어로 생각한다는 것은 어떻게 하는 것인지 구체적인 예를 들어 살펴보겠다.

---

1) 언어
이 책에서는 '말, 어휘, 단어, 낱말, 랭귀지, 워드' 등을 '언어'라는 말로 대표해서 사용하고 있다. 언어의 수를 늘리는 것보다 간결하게 내용을 전달하는 것을 중요시 하고 있다.

2) 서머슨(Summerson, John)
1904~1992. 영국 중부의 달링턴에서 출생. 런던대학에서 공부한 후 건축실무에서 일하고, 1945년에 존 손 박물관의 제8대 관장으로 취임. 저서로는 《천상의 관》 등이 있다.

3) 《건축의 고전적 언어》
서머슨 저. 건축언어가 무엇인지 이해하기 위해 가장 적절한 책이라고 할 수 있다. 또한 언어로 발상한다는 것이 어떤 것인지 그 힌트도 이 책에서 얻을 수 있다.

column

[언어다운 것]

기호론

일상생활에서는 실제로 언어를 사용하여 이야기하는 대신 '몸동작' 이나 '선물' 이나 '꽃말' 을 이용하여 자신의 생각을 상대방에게 전하는 경우가 자주 있다. 이렇게 '언어다운 것' 을 사용해서 하는 커뮤니케이션의 다양한 국면을 밝히고자 하는 것이 '기호론' 의 목적이다. 이를 위해서는 먼저 언어 자체에 대한 이해가 필요하다. 기호론에서 사용되고 있는 용어의 대부분이 언어학에서 온 것을 보면 그것을 잘 알 수 있다. '언어다운 것' 을 사용해서 하는 문화활동의 어떤 측면에 초점을 두는가에 대해, 연구분야는 다음과 같이 세 가지 전문분야로 나누어진다.

1. 의미론(semantics)

'기호' 가 어떤 '의미' 를 가지고 있는지 연구하는 분야이다. 이를테면 대표적인 3개의 오더를 예로 들었을 때 도리아식은 '군인적' , 이오니아식은 '소녀적' , 코린트식은 '귀부인적' 이라는 의미가 있다고 한다. 이렇게 '부위' 를 하나의 '기호' 로 보고 그 '의미' 를 연구하는 경우 등이 그렇다.

2. 통사론(syntax)

'기호' 와 '기호' 의 '결합관계' 를 다루는 분야이다. 언어학에서 구문론이라고 불리는 것이다. 같은 언어를 사용하더라도 문법적인 위치관계를 바꿈으로써 의미가 달라지는 경우가 있다. 기둥이나 보의 위치관계를 본래의 사용방법과 다른 방식으로 배치할 때 건물의 표정이 확 달라지는 경우가 있다. 이 같은 관계를 연구하는 분야이다.

3. 실용론(pragmatism)

'기호' 가 실제로 어떻게 '사용되고 있는지' 를 연구하는 분야이다. 실제로는 의미론이나 통사론에 포함시켜 연구되고 있는 실정이다.

건축디자인의 세계에서는 건물의 '부위' 를 '기호' 로 보고 연구되는 경우도 있지만 디자인의 '사고과정' 을 '기호현상'으로 보고 연구되는 경우도 있다.

_언어로 발상한다는 것은

'언어'를 사용해서 디자인했을 경우, 무엇을 어떻게 해야 '창조'라고 말할 수 있는 것일까?

실제 언어의 경우에 대해 설명해 보겠다. 우선 초등학교에 들어가면 그 나라의 국어를 배운다. '단어word'의 올바른 읽기/쓰기와 그 '의미meaning'의 바른 사용법을 비롯해서 단어와 단어를 바르게 연결하려면 어떻게 해야 되는지의 약속사항, 즉 '문법grammar'을 배운다.

또한 상급 학교로 올라가면 훌륭한 시나 소설을 참고로 하면서 일상적인 대화와는 조금 다른 그 뒤에 숨겨진 특별한 의미를 나타내는 방법이나 의미를 강조하는 방법을 배운다. 일상 대화에서 사용되는 일반적인 약속사항을 바탕으로 의미를 바꾸거나 강조하는 방법을 문학세계에서는 '수사(修辭)[4]'라고 한다.

'고전주의'[5] 라고 불리는 건축디자인 방법 중에는 일상 대화에서 사용되는 언어와 같은 작용이나 시·소설에서 사용되는 수사와 같은 작용이 있음을 알 수 있다. 이제 고전주의에서 개발된 '언어로 발상하기'에 대한 디자인 방법을 배우겠지만 중요한 것은 역사를 이미 끝난 오래된 것으로 생각하지 말고 역사속의 발상법을 현대에 '부연'[6]하여 생각할 수 있는지 모색해 보는 것이다.

---

4) 수사(rhetoric)
언어를 효과적으로 사용하고 수식적인 어구를 교묘하게 사용해서 표현하는 것을 말한다. 꾸며진 언어를 말하는 경우도 있다.

5) 고전주의(classicism)
'주의=ism'란 행동을 일으킬 때의 행동원리를 말하는데, 이 책에서는 르네상스부터 약 500년에 걸쳐 사용된 건축디자인상의 행동원리를 '고전주의'라고 말한다. '고전적인=classical'이라고 말할 경우, 일반적으로는 고대 로마시대의 건축을 가리키는 경우에 사용된다.

6) 부연(amplification)
어떤 의미를 다른 쪽으로 넓혀서 생각한다는 뜻이 있다. 디자이너는 하나의 사실을 듣고 다르게 응용할 수 있는지 확장시켜서 생각하는 습관을 가지는 것이 중요하다.

단어와 문법

_단어

'단어'에 해당하는 것은 고대 그리스에서 유래되는 세 가지 '오더' 즉 도리아식, 이오니아식, 코린트식이다. 그 후 여기에 두 가지가 더해져 각각 '단어'가 되고 있다. 오더에 대해서는 언어의 '분절과 명명'에서 자세히 설명했는데, 이 다섯 가지 오더의 기둥 아래에는 새로운 '대좌'가 더해져 있다(다음 페이지 참조). 오더가 들어가면 로마인 취향으로 한 것이라 생각하면 이해하기 쉬울 것이다. 옛날 중국의 한자를 일본에 도입할 시 일본인 취향으로 도입된 것과 같은 것으로 생각하면 쉽게 알 수 있을 것이다.

수평인 '보' 부분, 수직인 '기둥' 부분, 가장 아래에 있는 '대좌' 부분, 이들이 일체화되어 하나의 '단위'를 이루고 있으며, 이들을 따로 떼어서 생각할 수 없다. 즉 하나의 '단어'로 생각하는 것이다.

문법, 여기서 말하는 '문법'이란 단어와 단어의 '조합방법'을 의미한다. 르네상스의 건축가가 '문법다운 것'의 힌트를 얻은 곳은 로마시내에 산재되어 있는 고대 로마의 유적에서이다.

단 어

보, 기둥, 대좌를 일체로 다룬 것으로,
각각의 오더가 하나의 단어가 된다.

페로의 다섯 가지 오더로 작성

세 가지 문법

고대로마시대의 건물	르네상스시대에 만들어진 건물

● 콜로세움의 문법

1

콜로세움

→

루첼라이 궁전

● 개선문의 문법

2

콘스탄티누스 황제의 개선문

→

성 안드레아 교회

● 베스타 신전의 문법

3

베스타 신전

→

템피에트

로마시내에는 르네상스 이후의 디자인에 영향을 미친 수많은 고대 건물이 유적이 되어 남아 있다. 물론 지금도 그것들을 볼 수 있다. 그 중에서도 르네상스 이후 가장 많이 참고한 빈도로 말하면 '문법'이 된 건물은 다음 세 가지로 압축할 수 있다고 서머슨은 말하고 있다. 즉 '콜로세움', '개선문', '베스타 신전'이다.

이들 건물의 표면을 수평·수직으로 아름답게 분할하고 있는 것이 고대 그리스의 '주량구조(오더)'이다. 그리고 그 배후에 건물 본체를 튼튼하게 지지하고 있는 것이 고대 로마인들이 가장 잘하던 두터운 '볼트· 피어구조'이다. 유적 중 망가진 부분의 단면을 보면 그런 두 관계를 잘 알 수 있는데, 바로 '이중구조'로 되어 있는 것이다.

전자는 건물 표면을 아름답게 장식하여 '미적 기능'을 다하고 있고, 후자는 건물을 튼튼하게 지지하여 '역학적 기능'을 다하고 있다. 이처럼 어떤 '작용'을 하고 있는지 살펴보면 역시 '이중 기능'으로 되어 있다. 그 구별을 어떻게 알 수 있는지 살펴보면, 둘 다 돌로 만들어진 것 같지만, 표면마감에 있어 주량구조 부분은 반들반들하게 간 아름다운 대리석이 사용된 반면, 내부의 눈에 띄지 않는 구조부분은 콘크리트로 굳혀 사용한 점에서 알 수 있다.

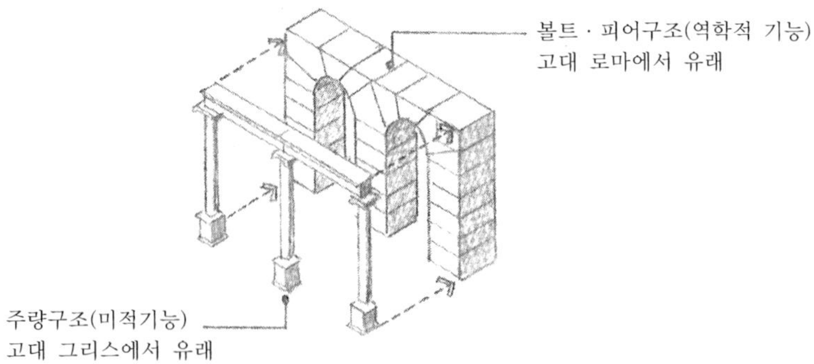

이중구조

_문법 1(콜로세움의 문법)

이 건물의 외벽은 4층 구성으로 되어 있다. 건물은 세계 어느 곳에서나 '단층(1층짜리)'으로 시작해서 점차 층이 올라가고 오늘날에는 100층 이상의 초고층도 가능해졌다. 몇 층짜리가 되든 '입면elevation'은 항상 '아름다운 벽면구성'이 되어야 한다. 필자의 견해로는 '단층'의 완성 예로는 파르테논 신전을 들 수 있고, '다층'은 콜로세움을 들 수 있다.

콜로세움[7]은 관점에 따라 현대인의 눈으로 봐도 복층의 '벽면구성'을 디자인할 때 좋은 참고 예가 된다. 이는 르네상스 건축가가 4층짜리(당시에는 고층에 속함) 벽면을 디자인할 때의 좋은 참고 예가 되었을 것으로 여겨진다.

_일본에서의 역할

일본에서 콜로세움이 왜 도움이 되는지 설명하겠다. 일본의 건물은 역사적으로 단층을 기본으로 하여 지어졌다. 다층으로 된 성곽건물도 있지만 신덴츠쿠리(寝殿造, 헤이안(平安)시대에 귀족들의 대표적인 주택양식), 서원조(書院造, 무로마치(室町)시대부터 모모야마(桃山)시대에 발달한 주택양식), 스키야조(數奇屋造, 다실풍으로 지은 건물), 다실(茶室) 모두 기본은 단층이었다. 무로마치시대에는 2층짜리도 있었는데, 에도(江戸)시대에는 위층에서 대명행렬을 내려다 볼 수 있게 하기 위해 2층을 낮게 했다. 이것이 일본의 독특하고 아름다운 2층구조이다.

---

7) 콜로세움(Colosseum)

78~82년에 지어져 약 5만 명을 수용할 수 있던 타원형 평면(긴지름 188m)의 투기장. 방사상으로 배치된 피어는 서로 볼트로 연결되어 매우 견고한 구조를 갖추고 있다. 오늘날에는 황폐한 모습으로 남아 있는데, 르네상스 이후 많은 교회와 저택을 짓기 위해 이 건물의 돌을 잘라내고 채석장으로 사용했기 때문이다. 그래도 남아 있는 것을 보면 얼마나 많은 돌이 사용되었는지 그 규모가 대단했음을 알 수 있다.

콜로세움의 문법

기본 문법

콜로세움 82년

응용 1

루첼라이 궁전
알베르티 설계, 1451

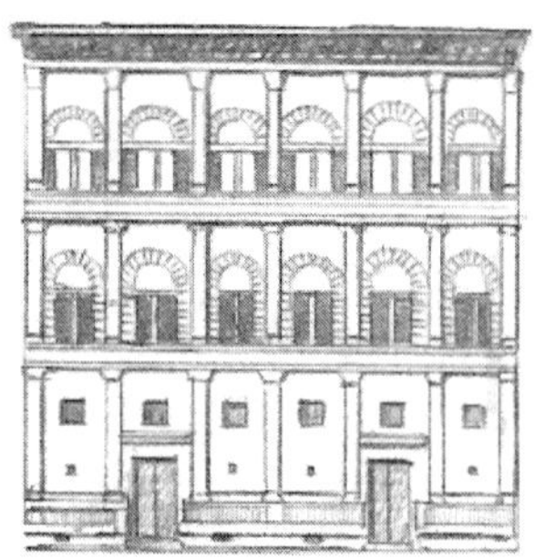

응용 2

스위스학생회관
르 코르뷔지에 설계, 1932년

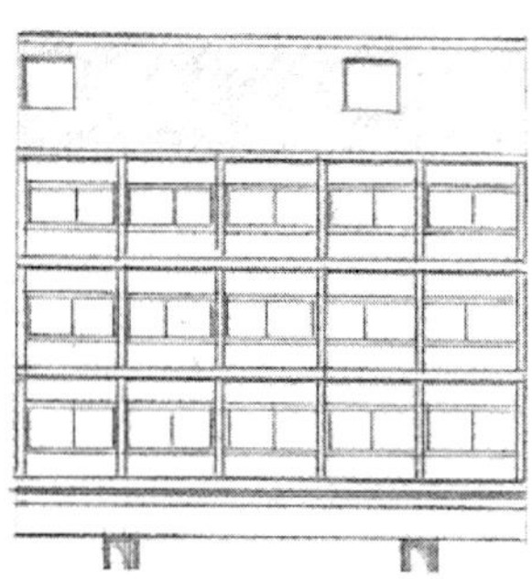

또한 일본의 기후 특성상 여름에는 고온다습하기 때문에 깊은 차양이 필요하며, 서구의 도시건축처럼 도로경계선에서 하늘을 향해 벽면이 아름답게 쭉 이어지는 그런 풍토적 배경은 없다. 게다가 일본은 입면을 '동서남북'이라는 방위로 고려하는 관습이 있어서 서양에서처럼 도로에 면하는 입면을 '정면=파사드'[8])로 특별하게 다루는 미학이 없었다.

따라서 일본에서는 도로에 연한 '다층 벽면'을 아름답게 보이게 하기 위한 디자인적인 훈련이 메이지(明治)시대 이전에는 거의 없었다. 실질적으로 일본에서는 주구조가 목조로 이루어져 3,4층짜리의 장기하중을 지지할 수 있는 도시건축을 만드는 것은 무리이며, 그런 거리풍경을 만드는 데도 무리가 있었다. 그래서 메이지시대부터 다이쇼(大正) · 쇼와(昭和)시대에 걸쳐 다층 도시건축의 '벽면구성'이 필요했을 때 서구에서 그 디자인 수법을 배우게 되었다. 르네상스인이 콜로세움에서 배운 것처럼 현대를 살아가는 일본인들도 다시 한번 콜로세움까지 거슬러 올라가 배워볼 필요가 있다고 생각한다.

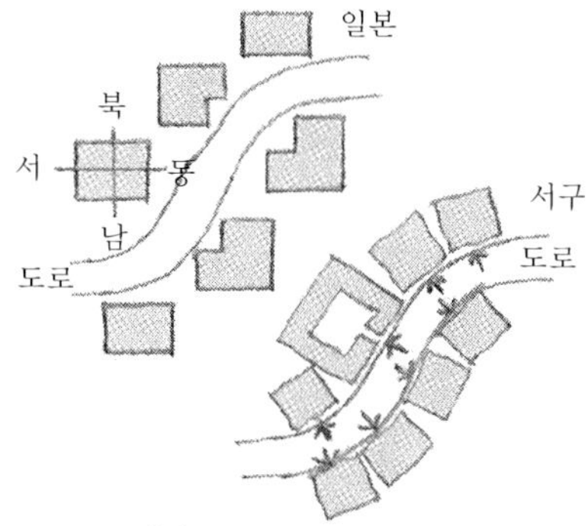

8) 파사드 façade
프랑스어. 건물의 입면 중 도로나 광장에 면해 있는 정면의 벽면을 일컫는다. 도면으로는 정면도(프런트 엘리베이션)로 그려진 것을 말한다. 또한 건물 양옆의 입면도는 측면도(사이드 엘리베이션), 뒤에 있는 것은 배면도(백 엘리베이션)로 구별된다. 일본에서는 어떤 건물이든 동서남북으로 입면도를 나타내는데, 그런 점에서 매우 다르다.

_다층 파사드

콜로세움은 '다층'의 본보기로서 현대에도 배울 점이 많다. 1층은 도리아식, 2층은 이오니아식, 3층은 코린트식, 최상층은 컴포지트식이 채용되어 있다. 하층의 여러 양식에서 상층으로 갈수록 점차 가볍고 호화스러운 양식으로 변화시켜 가는 방법은 현대의 관점에서 봐도 훌륭한 미학적 구성수법이다.

콜로세움의 한 '층(階)story' , 한 '주간(柱間)bay' 에 초점을 두어 좀더 자세히 살펴보겠다. 고대 그리스의 오더에 의한 '주량구조'가 벽면을 '가로·세로로 아름답게 분할'하고 있으며, 고대 로마인이 잘 하던 '볼트·피어구조'가 그 배후에서 '하중을 잘 지지하고 있음'을 알 수 있다. 표면에서 '미적 기능'을 맡고 있는 부분과 뒤에서 '역학적 기능'을 맡고 있는 부분이 있음을 잘 알 수 있다. 앞서 기술했던 '이중구조'와 '이중기능'의 원리이다.

이 같은 콜로세움 문법으로 만들어진 르네상스시대의 작품 하나를 소개하겠다. 바로 알베르티[9]가 설계한 루첼라이 저택[10]이다. 20세기 근대에도 콜로세움에서 배웠다고 여겨지는 건물이 있는데, 바로 르 코르뷔지에가 설계한 스위스학생회관[11]이다. 그가 의식적으로 콜로세움을 보고 배웠는지는 알 수 없지만 그곳에는 콜로세움과 같은 원리가 숨겨져 있다. 즉 유리벽면의 '미적 기능'과 콘크리트에 의한 '역학적 기능'을 분담시키는 고전주의와 동일한 원리이다.

---

9) 알베르티(Alberti, Leon Battista)
1404~1472. 이탈리아의 르네상스를 대표하는 건축가. 작품으로는 산타 마리아 노벨라 성당이 있다. 저서에는 《회화론》, 《건축론》 이 있다

10) 루첼라이 저택(Palazzo Rucellai)
1451년. 알베르티 설계. 피렌체의 호상이었던 루첼라이 가문의 저택. 시가건축의 파사드는 어떻게 해야 하는지 디자인 원칙을 확립했다. 또한 건축가는 설계만 하고 시공은 다른 사람에게 맡기는 방법을 처음 채용한 건물이기도 하다.

11) 스위스 학생회관(Pavilion Swiss)
1932년. 르 코르뷔지에 설계. 근대주의를 대표하는 건물. 필로티에 의해 지지되고 독립 골체와 피막에 의해 가볍게 대지에 떠있는 것처럼 지어졌다.

_문법 2 (개선문의 문법)

개선문은 내부에 공간이 있는 건물이라기보다는 전쟁에 이기고 귀국했을 때 도심에 들어오기 직전에 통과하기 위한 구조물이라고 생각하면 이해하기 쉽다.

개선문을 통과할 때 효과를 발하는 기능은 르네상스시대가 되어 새로운 교회와 궁전이 지어졌을 때, 그 정면 파사드가 되어야 하는 현관 디자인으로 채용되었다.

콘스탄티누스 황제의 개선문[12]은 통과하기 위한 크고 작은 구멍이 세 개 있었다. 구조 본체는 머리 위에 있는 세 개의 둥근 볼트와 이를 지지하기 위한 네 개의 두꺼운 피어로 이루어져 있다. 이렇게 튼튼한 구조체가 '역학적 기능'을 맡고 있으며, 이에 반해 표면을 아름답게 장식하고 있는 것이 그리스의 오더에 의한 주량구조이다. 벽면을 수평·수직으로 아름답게 분할하여 '미적 기능'을 맡고 있는 것이다.

구조로는 콜로세움 문법과 마찬가지로 그리스의 오더에 의한 '주량구조'와 로마인이 잘하던 '볼트· 피어구조'가 일체로 디자인되어 '이중구조'를 갖추고 있음을 알 수 있다.

'개선문의 문법'으로 만들어진 르네상스 건축 중 하나를 예로 들어보겠다. 바로 알베르티가 설계한 성 안드레아 교회[13]이다.

---

12) 콘스탄티누스 황제의 개선문(Arco di Constantino)
로마의 콜로세움 옆에 지은 기념문. 콘스탄티누스 황제의 정적(政敵) 막센티우스와의 전쟁에서 승리를 기념하여 지어진 것. 높이 21m. 문을 장식하는 원주나 조각은 오래된 다른 건물에서 유용되었다.

13) 성 안드레아 교회(Sant' Andrea, Mantova)
1512년. 원안(原案)은 알베르티가 설계. 신랑(神廊)에 통형 볼트를 구축한 측랑(側廊)이 없는 교회당. 정면에 개선문의 모티브를 이용하고 그 위에 페디먼트를 올려놓았다. 교회를 큰 계단 위에 올려놓은 것도 알베르티의 이상 중 하나였다.

개선문의 문법

기본 문법

콘스탄티누스 개선문

응용 1

성안드레아 교회
알베르티 설계, 1512년

응용 2

찬디가르 재판소
르 코르뷔지에 설계, 1951년

이 교회당 정면의 파사드는 그 이전인 중세의 고딕교회와는 달리 평활한 평면으로 마무리되어 있다. 그 평활한 면을 오더에 의한 주량구조가 선조(線彫)로 되어 벽면을 아름답게 분할하고 있다. 양옆에 있는 두 개의 작은 볼트는 현관에서 끝나지만 중앙의 큰 볼트는 그대로 교회 내부의 신랑으로 이어져 있다.

르 코르뷔지에가 설계한 찬디가르 재판소의 현관을 개선문의 문법 예로 들어보았다. 훨씬 단순한 디자인으로 되어 있지만 이곳이 입구라는 것을 멀리서 봐도 확실히 알 수 있게 되어 있다. 인도의 뜨거운 태양아래에서 얼른 이 현관 그늘로 들어오라고 사람들을 환영하는 기능을 하고 있는 것이다.

_문법 3 (베스타 신전의 문법)

고대 로마시대의 베스타 신전[14]을 참고로 하여 르네상스시대에 브라만[15]가 설계한 템피에토[16]라는 기념적인 건물이 지어졌다. 실제로 가서 보면 사진처럼 크지는 않지만 트로피를 지면에 직접 놓은 것처럼 잘 정돈된 조각같이 아름다운 건물이다. 원형 평면의 기단 위를 빙 둘러싸고 있는 열주부분이 베스타신전과 같은 원리인데, 그 위부터가 브라만테의 독창적인 아이디어로 되어 있다. 그 후 이 작품은 고전처럼 취급되어 전 세계에 큰 영향을 미쳤다.

---

14) 베스타신전(Vesta Temple)
로마 시내에 있는 고대의 원형신전. 엔타블러처(보에 해당하는 부분)는 없어졌고 임시 지붕이 놓여져 있는 점에 주의해서 보기 바란다.

15) 브라만테(Bramante, Donato)
1444~1514. 이탈리아 르네상스의 건축가. 밀라노, 로마에서 활약. 고대 건축과 로마네스크 건축에 대한 연구를 하고 르네상스 양식을 확립했다. 작품으로는 성 사틸로 교회 등이 있다.

16) 템피에토(Tempietto)
1510년. 브라만테 설계. 성 페테로 순교지에 세운 기념예배당. 높이 13m의 원당. 로마의 원형 신전을 본떠 지어졌는데, 돔이나 상하층의 비례는 독창적이며 르네상스 최초의 지표로 여기는 건축이다.

베스타신전의 문법

기본문법

베스타 신전

응용 1

템피에토
브라만테 설계, 1510년

응용 2

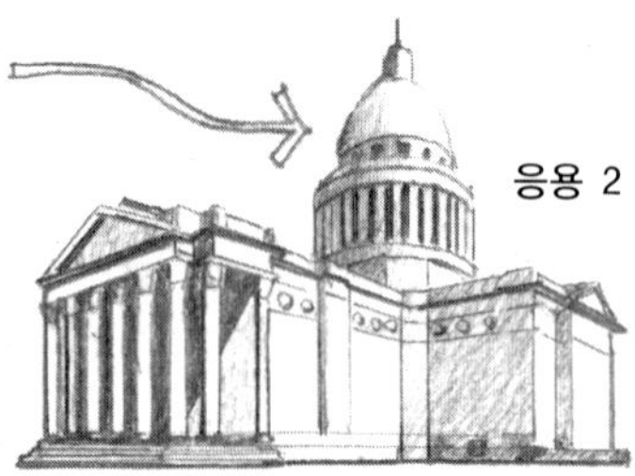

판테온
스플로 설계, 1792년

응용 3

찬디가르 재판소
르 코르뷔지에 설계, 1951년

여기서는 이 문법으로 만들어진 대표적인 건물로서 파리에 있는 판테온[17]의 돔을 들어보겠다. 하부의 크고 볼륨있는 각진 형태에 대해서 베스타 신전의 문법이 그 위에 당당하게 놓여 있다.

뉴욕의 911테러 사건 때 TV에 자주 나왔던 미국 국회의사당(1865년)의 꼭대기 부분도 이 문법으로 만들어져 있다. 본래의 열주는 1단이면 되는데, 마치 웨딩케이크를 여러 단 쌓아놓은 것처럼 호화롭게 되어 2단 쌓기로 되어 있다.

이 문법이 얼마나 대단한지는 로마, 파리, 런던 등을 걸어 다니다 보면 수평적인 거리의 지붕 위에 볼록 솟은 둥근 돔을 자주 볼 수 있는데, 대부분 이 같은 베스타 신전의 문법으로 만들어져 있으며, 그 아래에는 공공적인 기능이 있음을 암시하고 있다.

언뜻 봐서는 베스타 신전의 문법과 관계가 없는 듯하지만 르 코르뷔지에가 설계한 찬디가르[18]의사당을 들어보겠다. 판테온의 각진 기단 위에 돔이 놓여져 있는 모습을 상기시킨다. 이처럼 역사적 건축물에 적극적으로 의문을 갖기 시작하면 아이디어가 될 만한 힌트를 얼마든지 찾을 수 있다.

---

17) 판테온(성 주느비에브 사원)(Pantheon(Ste. Genevieve)
1792년. 스플로 설계. 원래는 파리의 수호성인 주느비에브에 헌당되었는데, 나중에 국민적 위인을 기리는 기념당으로 바뀌었다. 그리스 십자형 평면 위에 돔이 놓여 그리스의 순수성과 로마의 장엄함이 모두 합쳐져 있다고 평가되고 있다.

18) 찬디가르(Chandigahr)
인도의 펀자브 주 수도. 르 코르뷔지에가 1951년에 계획인구 50만 명을 신도시로 완성시킨 것이다. 전체가 인체의 아날로지로 설계되어 있고, 도로는 7단계로 기능을 분화시킨 격자형으로 계획되어 있다. 캐피탈이라 불리는 부분에 의사당, 재판소, 행정동 등의 작품이 남아 있다.

_4단계 결합법

고전주의의 '디자인법'은 언뜻 보기에 엄격하고 딱딱해 보이지만 그 응용 방법을 보면 의외로 자유로운 편이다. 그래서 현대에도 응용해 볼 만한 구조라 생각된다.

그와 같은 구조 중 하나가 '이중구조' 내에 있다(다음 페이지 참조). 고대 그리스에서 유래되어 미적 기능을 맡고 있던 '주량구조'와 고대 로마에서 유래되어 역학적 기능을 맡고 있던 '볼트·피어구조'를 겹쳐서 사용하는 것이다.

단순히 겹치기만 하는 것이 아니라 여러 단계의 결합법이 있는데 시각적으로 건물에 변화를 주기 위한 비밀이 숨겨져 있다. 오더를 '필라스터'[19]로 '얕은 부조(浮彫)'처럼 다룬 것부터 오더를 벽에서 분리시켜 '독립기둥'처럼 다룬 것까지 있으며, 그 사이에 2단계를 추가하여 '4단계 결합법'이 고안되었다.

최근 자주 거론되고 있는 유전자 변환이 가능한 것도 유전자가 이중 나선 구조로 되어 있기 때문이다. 건축디자인의 세계에도 디자이너의 자유로운 발상은 이 같은 이중 구조 내에 보증되어 있다. 이 결합법에 대한 서구건축가의 구애는 상당하며, 언뜻 봐서 고전주의와는 관계가 없는 것처럼 보이는 근대주의와도 실제로는 이어져 있다.

---

19) 필라스터(pilaster)
부주(付住)를 일컬음. 벽면으로부터 어느 정도 나와 있는 기둥 모양의 것을 말한다. 원래 기둥인 경우도 있지만 역학적으로는 관계없는 장식용으로 붙어 있는 경우도 있다.

4단계 결합법

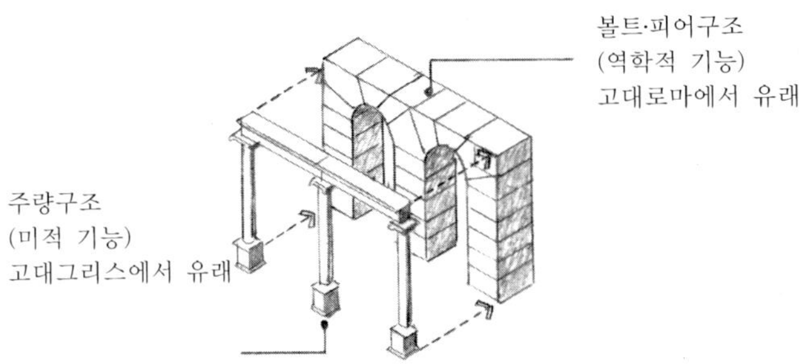

1 독립기둥

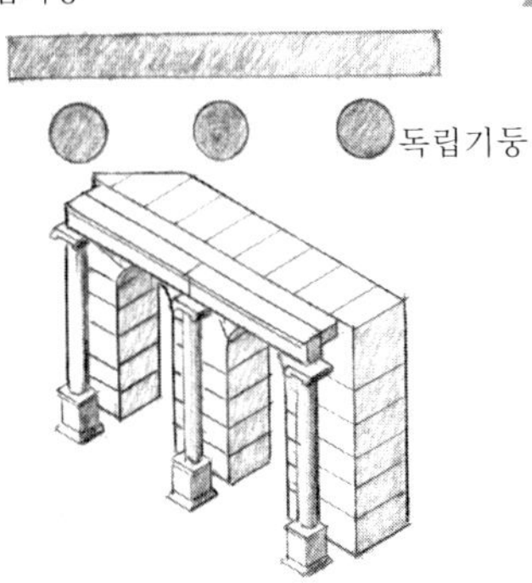

2 4분의 3기둥

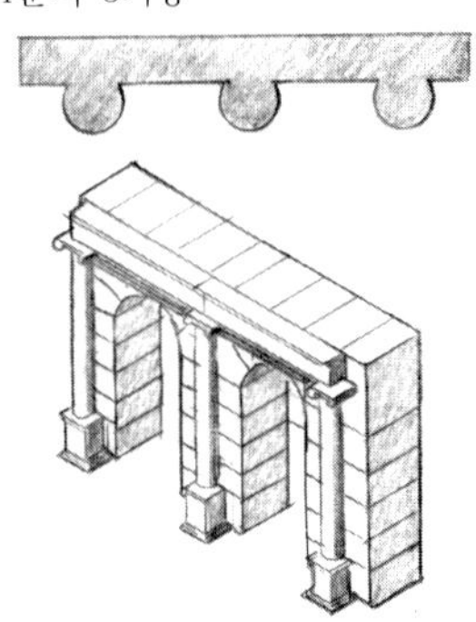

3 2분의 1기둥

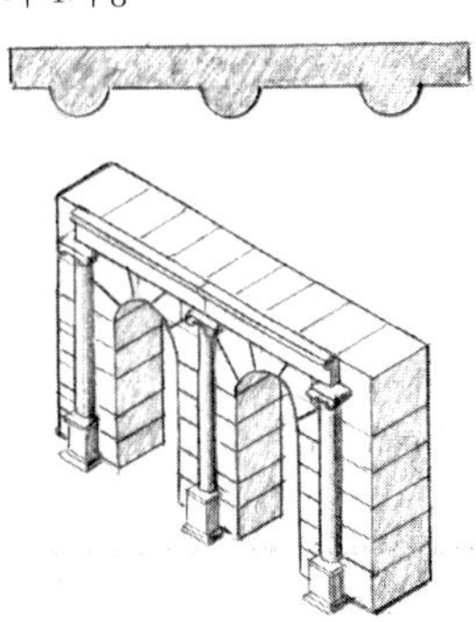

4 부주(필라스터)

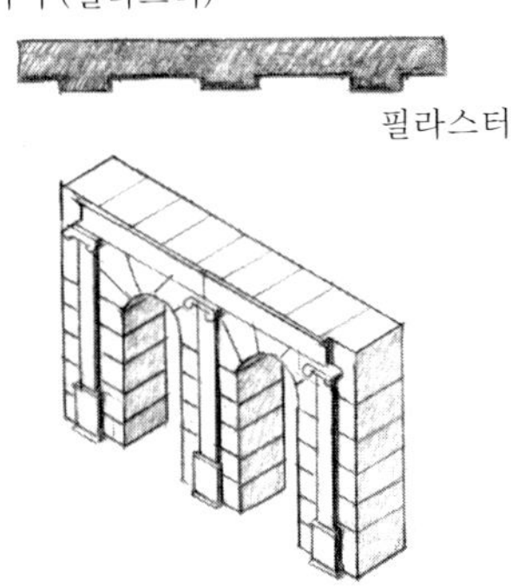

수법으로 발상

'단어와 문법'이 만들어진 과정도 창조적이지만 이를 어떻게 사용할 것인지 그 '응용법'을 개발한 과정도 매우 창조적이었다. 르네상스[20]이후에는 매너리즘[21]이 있었고, 그 후 바로크 시대에 들어 성숙기에 이르렀다. 응용기법의 개발과정을 보면 현대의 디자인에도 크게 도움이 된다.

'마니애리즘'은 오늘날 자주 사용되는 '매너리'라는 말의 어원이기도 하다. 같은 것만 반복하고 새로운 것을 하려고 하지 않는 태도를 나타낼 때 자주 사용된다. 오늘날에는 그다지 칭찬의 의미로 쓰이고 있지 않지만 매너리즘시대 당시에는 이 수법이 개발되었을 때 나름대로의 심각한 사정이 있었다.

르네상스 초기의 건축가는 기본이 되는 '단어와 문법'을 만들어내는 것으로 이미 '창조적'인 역할을 다하고 있었다. 하지만 일단 약속사항이 만들어지고 나면 바로 다음에 이어지는 시대는 이를 대신할 만한 좀더 새로운 약속사항을 만들어 내기가 매우 어려웠다.

그래서 매너리즘 시대의 건축가는 이미 만들어져 있는 원리에 손을 대어 '응용법'을 개발하는 것으로 '창조성을 발휘'하려고 했다.

---

20) 르네상스(Renaissance)
13세기말에서 15세기말에 걸쳐 이탈리아를 중심으로 일어난 문예부흥. 그 후 전 유럽으로 확산되어 건축에서는 고대 로마의 장중한 아치, 볼트, 주두형식, 장식 모티브 등이 사용되었다. 또한 건축 각부의 비례조화, 형식의 간결화, 명료성 등도 중시했다.

21) 매너리즘(마니애리즘, Manièrisme)
이탈리아의 르네상스 전성기와 바로크(1530~1600경)사이에 일어난 예술양식. 건축에서는 브라만테에 의해 완성된 고전주의에서 베르니니의 운동감이 풍부한 표현형식까지 그 사이의 양식을 말한다.

매너리즘의 대표적인 건축가로는 줄리오 로마노[22]가 있다. 그가 디자인한 팔라초 델 테 궁전[23](다음 페이지 참조)을 참고로 그가 개발한 창의적 수법을 네 가지 정도 들어보겠다. 그의 사고방법을 현대에도 응용할 수 있을지 생각하면서 읽어나가기 바란다. 매너리즘이라는 명칭은 '수법=매니엘라'에서 파생된 것이다.

특징으로는 우선 ① '요석(要石)[24]의 크기'이다. 중앙의 문에 큰 아치, 양옆의 니치에 작은 아치가 있는데, 잘 보면 중앙 아치의 요석은 작고 양옆의 아치에 있는 것은 매우 크게 디자인되어 있다. 본래 요석은 '역학적 비례로 크기를 정한다'는 원칙을 버리고 오히려 그 반대로 함으로써 지금까지 없던 새로운 것을 생각해낸 것이다.

② 중앙 아치 양측에 있는 2개의 기둥에 대해서이다. 오더의 원칙은 '하나의 기둥에 하나의 대좌'로 하는 것이다. 그런데 여기서는 그 기본을 버리고 2개의 기둥이 하나의 대좌를 공유하고 있다. 마찬가지로, 원래의 방식과 다른 방법을 택함으로써 창조성을 발휘하고자 한 것이다.

③ 벽면 상부를 수평으로 가로지르고 있는 엔타블러처에 대해서이다. 보의 본래 역할을 다하기 위해서는 똑바로 수평이 되게 뻗는 것이 원칙이다.

---

22) 줄리오 로마노(Romano, Giulio)
1499~1546. 이탈리아 마니에리즘기의 건축가이자 화가. 라파엘로의 제자로서 바티칸 궁전의 벽화 등에 참가했고, 멘토바 공이 궁정미술가가 되어 장대한 별궁을 지었다.

23) 팔라초 델 테 궁전(Palazzo del Te)
1535년, 로마노 설계. 멘토바에 지은 마니에리즘 시대를 대표하는 건물. 사각형 중정을 둘러싸는 정사각형 플랜을 가진 곤자가 2세의 여름 별궁

24) 요석(keystone)
아치의 꼭대기 부분에 들어가는 쐐기형 돌로 마지막에 삽입되며 이 위치에서 양측으로 박석을 고정하는 역할을 한다. 검석, 설석이라고도 한다.

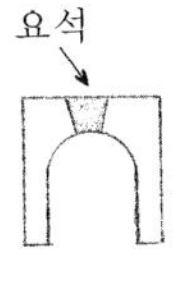

수법으로 발상한다

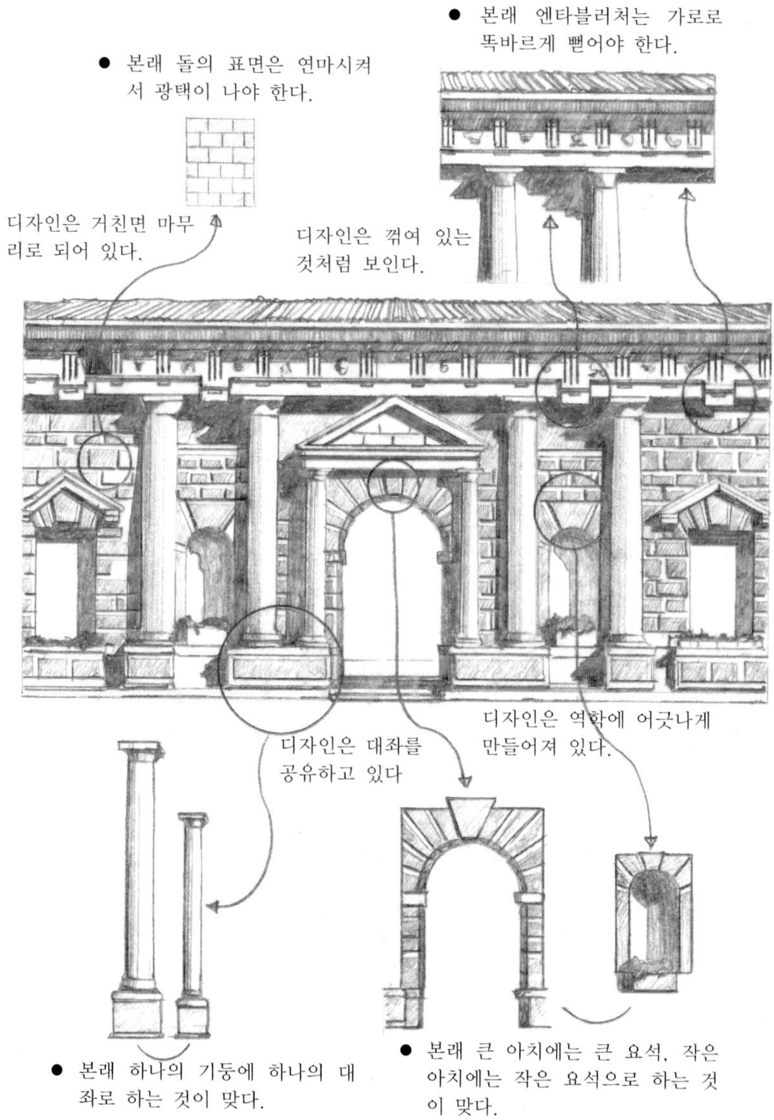

필라초 델 테 궁전 : 줄리오 로마노 설계, 1535년

그런데 이러한 역학적 원리에 어긋나게 중간에 움푹 들어간 형태로 디자인되어 있다. 힘을 지지하지 않는 '부조 조각'과 같은 보라고 할 수 있다.

④ 이 건물은 궁전이므로 벽면 가득히 시간과 정성을 들여 돌 표면을 마치 '거울처럼' 반들반들하게 갈아야 한다. 그런데 방금 산에서 막 잘라가지고 온 것처럼 끌 흔적과 거친 '루스티카[25)]=거친면 마무리'를 한 것이 새로운 점이다.

현대의 디자이너로서, 여기서 무엇을 배울 수 있을까? 이렇게 '지적(知的)인 위반'을 가해 디자인하기 위해서는 약속사항을 '철저히 배워두는 것'이 중요하다. 대충 알아서는 어느 곳이 위반을 가한 곳인지 알 수 없기 때문이다. 견학자 입장이더라도 마찬가지이다.

팔라초 델 테의 주제는 '개선문'인데, 포스트모던 시대에도 같은 모티브, 즉 '위반'을 테마로 디자인한 그레이브스[26)]의 설계 작품이 있어서 소개하기로 한다. 중앙 아치의 요석을 필요 이상으로 거대하게 다룬 것(카르코 저택 1978년)과 요석의 흔적만 남아 있는 '소거' 수법으로 다룬 작품이다(프로섹 저택 1977년).

카르코 저택

프로섹 저택

---

25) 루스티카(rustica)
돌 조각을 쌓아놓은 것. 돌의 이음매를 두드러지게 하거나 또는 석재면을 돌출시키거나 울퉁불퉁하게 하여 거칠게 마무리하는 기법

26) 그레이브스(Graves, Michael)
1934~. 미국의 건축가. 인디애나폴리스에서 출생. 하버드대학 졸업. 프린스턴대학 교수. 포스트모더니즘의 대표적인 건축가

수사로 발상

_양식의 확립

매너리즘 수법은 기본이 되는 '단어와 문법'을 알고 난 다음 그에 어긋나게 하는 것이므로 '지적인 위반'이 분명하다. 그런 방법이 자칫 모순을 포함할 위험이 있지는 않을까 걱정이 되기도 한다.

이 같은 위험을 초월하여 확고한 양식으로 확립된 것이 '바로크'[27]이다. 이제 그 대표적인 세 가지 수사법에 대해 설명하겠다. 본래의 '약속사항'은 무엇이며, 어느 곳에 디자이너의 창의적인 '응용법'이 가해졌는지 빠짐없이 보기 바란다.

_수사 1(조합기둥)

기둥의 간격은 파르테논 신전[28]처럼 같은 간격으로 하는 것이 합리적인 방법이다. 이러한 합리성을 깨뜨리고 기둥 2개를 1조로 하거나(팔라초 델 테 궁전), 기둥 3개를 1조로 하는(상티 빈첸초 에드 아나스타시오 교회[29])식이 사용되었다. 간격이 동일한 열주(列柱)는 아무래도 같은 리듬이 반복되어 단조로워 보일 수 있는데, 조합기둥(組柱)을 사용함으로써 약동감 있는 벽면을 만드는 데 성공했다.

---

27) 바로크(Baroque)
1600년경부터 1730년경에 걸쳐 유럽 전역에 퍼진 건축양식이다. 포르투갈어의 바로크(비뚤어진 모양의 진주)가 어원이다. 유동적인 리듬감, 호화찬란한 회화적 느낌, 극적인 명암효과, 색대리석, 금칠 등이 특징이다.

28) 파르테논(Parthenon, Athenai)
기원전 447-432년. 아테네의 아크로폴리스에 조각가 피디아스 등에 의해 지어진 고대 그리스 최고의 건축. 전체적으로는 도리스식이지만 세부를 보면 이오니아식이 도입되어 있으며, 중후함과 우아함을 모두 갖추고 있다.

29) 산티 빈첸초 에드 아나스타시오 교회(SS Vincenzo ed Anastasio)
1650년. 롱기 설계. 중앙에 기둥을 밀집시킨 곳에 감동적인 분위기를 보여주고 있다.

수사로 발상한다 1(조합기둥)

기본

파르테논 신전
피디아스 외 설계, BC 432년

2개조합기둥

팔라초 델 테 궁전
로마노 설계, BC 1535년

3개조합기둥

산티 빈첸초 에드 아나스타시오 교회
조뷔네 설계, 1650년

_수사 2(큰 오더)

전형적인 바로크 양식 중 하나이다. 원래 '오더'의 사용법은 콜로세움에서 본 것처럼 각 층마다 하나 사용하는 것이 맞는 방법이다. 이 방법을 어기고 '두개 층이 관통되게' 사용하는 '큰 오더'라는 수사를 발명한 것이 미켈란젤로[30]였다.

로마 시내의 캄피돌리오 언덕의 광장[31]을 끼고 양 옆쪽으로 청사가 세워져 있는데, 그 파사드(1568년)에 이 수사가 사용되었다.

2층까지 관통된 큰 오더로 둘러싸인 베이(기둥과 기둥 사이)를 주목해서 보면 그 안쪽의 각층마다 좀더 작은 2개의 기둥이 세워져 있는 것을 볼 수 있다. 이렇게 번갈아서 배치된 크고 작은 오더의 반복이 벽면 전체에 강·약·강·약… 의 리듬을 이루고 있다. 기존의 각층마다 뻗어 있는 수평 분할선이 주는 안정감과는 많이 다른 느낌이다.

현대에는 이 발상을 르 코르뷔지에가 설계한 찬디가르 사무동의 파사드에서 볼 수 있다. 벽면 전체가 각층마다 같은 난간 디자인으로 안정된 모듈로 배치되어 있다. 하지만 건물 중앙에는(그림에서는 왼쪽 아래의 어두운 부분), 여러 층을 관통시켜서 모듈이 무엇인지 알 수가 없다. 이런 방식으로 그 이전의 벽면에서는 볼 수 없는 다이내믹하고 약동감 있는 파사드를 살려내는 데 성공했다.

---

30) 미켈란젤로(Michelangelo Buonarroti)
1475~1564. 이탈리아 르네상스를 대표하는 천재적인 건축가, 조각가, 화가. 피렌체에서 로렌초 메디치의 보호를 받았으며, 그 후 로마에서 교황 율리우스 2세의 묘각, 시스티나 예배당, 메디치가의 예배당 등의 작품을 남겼다.

31) 캄피돌리오 언덕의 광장(Piazza del Campidoglio)
캄피돌리오 언덕은 과거에는 고대 로마 원로원이었던 장소였다. 르네상스시대가 되어 청사와 광장이 만들어졌다. 광장을 둘러싸고 세 개의 건물이 세워져 있는데, 미켈란젤로가 설계한 팔라초 디 콘세르바토리는 그 중 하나이다.

수사로 발상한다 2(큰 오더)

기본

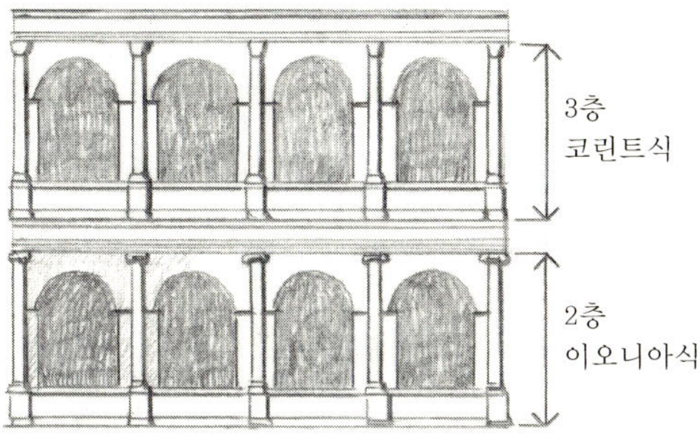

콜로세움 82년

큰 오더 1

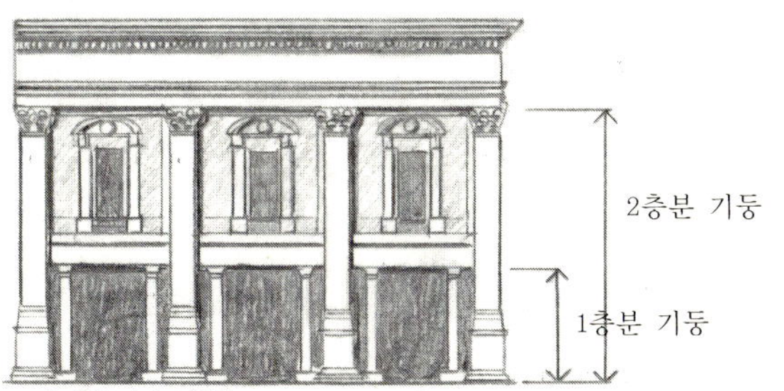

캄피돌리오 청사
미켈란젤로 설계, 1568년

관통

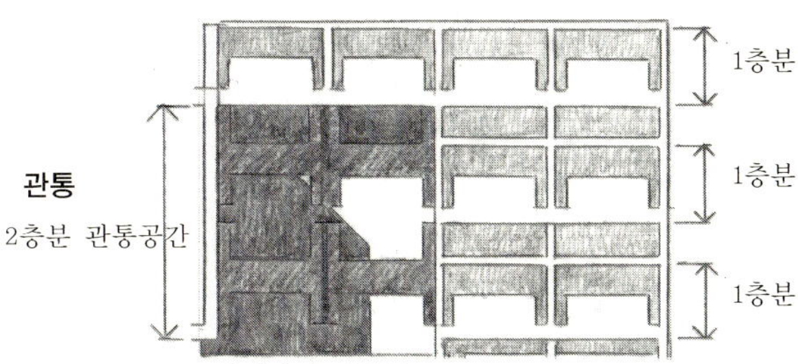

찬디가르 사무동
르 코르뷔지에 설계, 1951년

_수사 3(대위법)

대위법에 대해서는 바로크 음악이 더 유명할지 모르겠다. 오른손 건반은 상승하는 멜로디를, 왼손 건반은 하강하는 멜로디를 양손으로 동시에 쳐서 극적인 심리효과를 낸다.

보로미니[32)]가 설계한 성 이보 교회[33)]에서 시각적인 '대위법'을 볼 수 있다. 꼭대기 부분에는 베스타 신전 문법에 의한 랜턴이 놓여 있는데, 몸체부분이 볼록면으로 되어 있어 마치 거품이 부풀어 있는 것처럼 보인다. 반면 아래에 있는 중정을 둘러싼 벽면은 오목면으로 되어 있어 반대쪽으로 움푹 들어간 것처럼 보인다. 이러한 요철 관계가 긴장감 있는 대위법을 나타내고 있다.

역시 보로미니가 설계한 성 카를로 교회[34)]의 파사드에도 대위법이 사용되었다. 보(梁)는 가로로 똑바르게 뻗어 있는 것이 합리적인데, 이곳을 보면 구불구불하게 되어 있다. 이곳을 끼고 1층과 2층 벽면이 상반된 요철로 표현되어 있다. 어떻게 보면 마치 파도가 밀려왔다가 다시 나가는 것처럼 보여 복잡한 감정의 기복을 표현한 듯하다.

바로크의 수사법은 현대건축에서도 자주 볼 수 있다. 역사를 한물 지난 오래된 것으로 여기지 말고, 발상의 힌트가 숨겨져 있는 곳으로 생각하면 아이디어의 보고(寶庫)가 된다.

---

32) 보로미니(Borromini, Francesco)
1599~1667. 이탈리아의 바로크 전성기 때 가장 독창적인 건축가로 활약함. 건축의 회화적인 시각효과와 요철면의 복잡한 공간 표현에 재능을 발휘했다.

33) 성 이보 교회(S. Ivo della Sapienza)
1650년. 보로미니 설계. 로마의 고등학원 부속교회. 가늘고 긴 중정 내에 지어졌으며 내부는 두 개의 삼각형을 겹친 육각형이고, 고대 로마 이후 선례 없는 독창적인 작품으로 평가받고 있다.

34) 성 카를로 알레트로 판토네 교회(S. Carlo alle Quattro Fontane)
1668년. 보로미니가 설계한 바로크 전성기시대의 대표작. 엔타블러처와 벽면이 만곡되어 있고 조각과 건축이 일체가 된 다이내믹한 건축

수사로 발상한다 3(대위법)

기본

템피에토
브라만테 설계, 1510년

원심원으로 팽창되는 볼록형

대위법 1

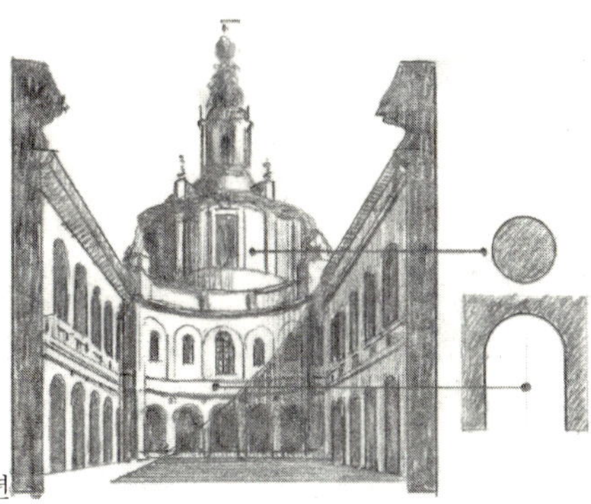

성 이보 교회
보로미니 설계, 1650년

대위법 2

성 카를로 알레트로 판토네 교회
보로미니 설계, 1608년

2 부위로 발상하기

구축

_근대 재료

'부위(部位)building elements' 란 건물의 각 부분을 구성하고 있는 '기둥, 보, 바닥, 벽, 창' 등을 말한다.

현대 건축에서 이들 부위를 구성하는 주된 건축재료는 '콘크리트'[35], '강철'[36], '판유리'[37] 등이다. 오늘날에는 이 같은 재료를 아주 흔하게 볼 수 있지만, 지금으로부터 약 100년 전인 19세기 후반에서 20세기 초만 해도 종래의 돌이나 벽돌을 대신하는 획기적이고 새로운 '건설재료'로 등장했다. 이들은 '근대주의' 건축이 탄생하는 배경이 된 재료이다. 그러면 약 100년 전인 그 당시 건축디자인 세계에서는 어떤 획기적인 일이 일어났을까? 우리는 현대를 살아가고 있지만 당시 서구에서 어떤 일이 일어났는지 알아둘 필요가 있어 소개해 보겠다.

'언어로 발상하기'에서 기술했던 '고전주의'의 '부위'를 구성하는 주된 재료는 '돌'과 '벽돌'이다. 이것들을 들어 옮길 수 있는 '블록'으로 만들어 아래에서 위로 쌓아 올라가는 '조적조 = masonry'가 주된 구법이었다.

이제부터 말할 '부위로 발상'하는 시대는 콘크리트나 강철이 주된 건설재료가 되며, 주요구법은 이것들을 보나 기둥 등과 같은 '선재(線材)'로 하여 정

---

35) 콘크리트
시멘트, 물, 골재를 적당한 비율로 배합한 것이다. 건축용 물시멘트비는 50~65%, 1㎥의 시멘트양은 약 300kg, 1㎥의 중량은 2.3톤, 압축강도는 1㎠ 20~350kg인 것이 많다.

36) 강철(teel)
'강'이라고도 한다. 철(iron)과는 다르다. 강철은 탄소, 망간, 실리카, 인, 유황, 동 등과 철의 합금. 연마와 담금질로 경도를 높일 수 있다

37) 판유리(float glass)
대부분 얇은 유리를 말하며, 납을 녹여 수평한 면 위에서 만든다. 종래의 스테인드글라스처럼 가내수공업으로 만들어진 것과는 달리 공장에서 대량으로 규격생산된 것을 말한다.

두 가지의 주의(ism)

근대주의

고전주의

1

구법 : 독립골체와 피막
재료 : 콘크리트
강철
판유리

구법 : 조적조
재료 : 돌과 벽돌

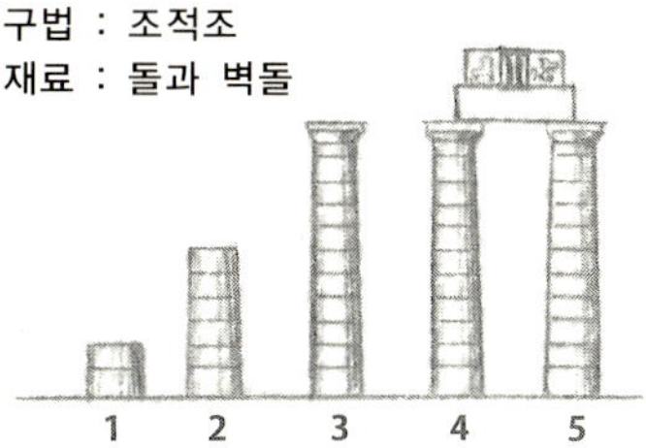

2

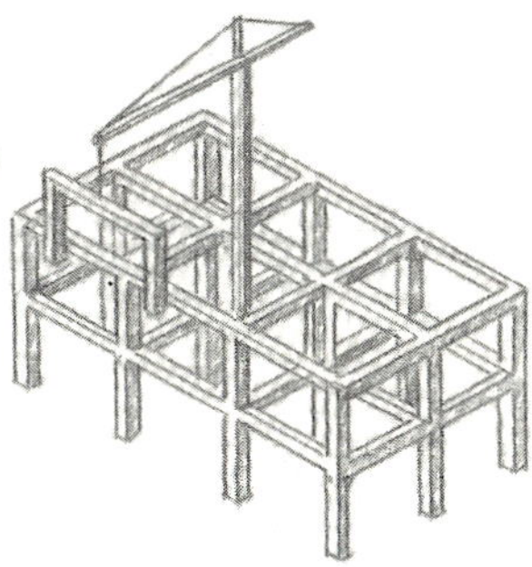

3

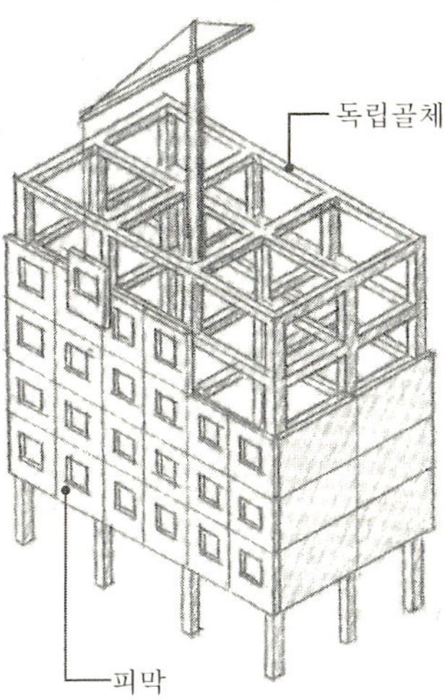

1 하부를 쌓다

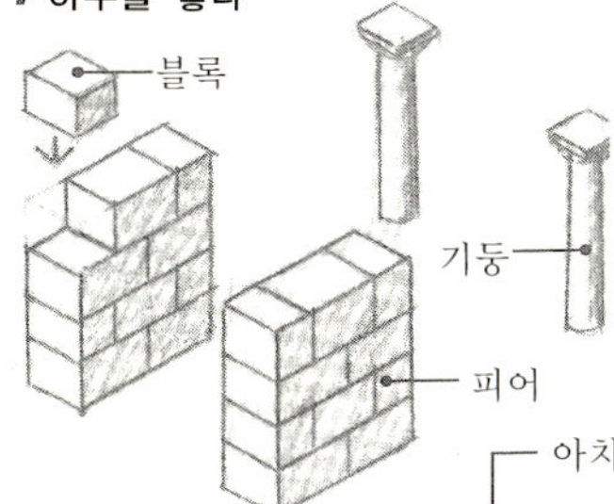

2 상부를 쌓다

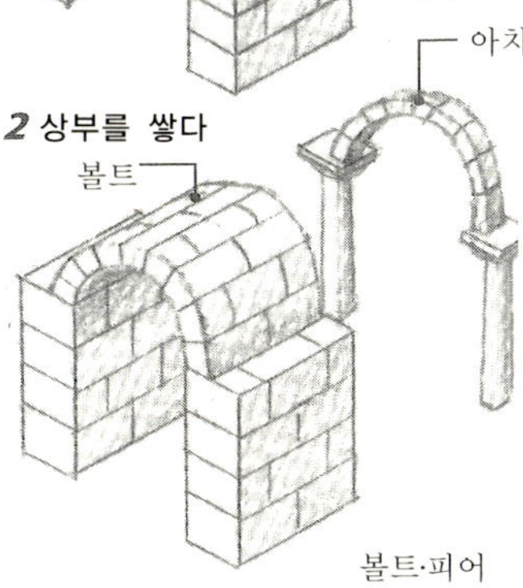

글짐처럼 조립해가는 '주량구조[38]=frame structure'이다.

앞에서 고대 그리스의 오더도 주량구조라고 말했는데, 이 경우는 돌을 '블록'으로 만들어 아래에서부터 점차 쌓아 올라가는 '조적조 [39] =masonry'였다. 즉 명칭은 같아도 구법에 차이가 있다.

'부위로 발상하기'의 또 하나의 특징은 건물 외측을 덮는 외벽이나 창 등의 부분을 '피막'으로 여겨, 공장에서 따로 생산한 재료를 현장에서 커튼월공법으로 설치하는 것이다.

현대에 남아 있는 근대주의 구법에는 어떤 것이 있을까? 이를 좀더 알아보기 위해 다시 한번 고전주의를 인용하여 설명하겠는데 그 차이를 비교하면 다음과 같다.

1. 고전주의(클래시시즘).....'조적조'로 만드는 방식
2. 근대주의[40] (모더니즘)...'주량구조'와 '피막'으로 만드는 방식

_독립골체

'주량구조'를 또 하나의 다른 이름으로 표현하겠다. 바로 '도미노 시스템'[41]이라는 것인데, 르 코르뷔지에의 언어를 인용한 것이다. 일본어로는 '독

---

38) 주량구조(frame structure)
기둥과 보로 만들어지는 구조. 일본의 목구조는 전형적인 주량구조라고 말할 수 있다.

39) 조적조(masonry)
돌, 벽돌 등의 덩어리(블록)를 아래부터 위로 쌓아 올라가는 구법. 접착제 역할로 모르타르를 사용하는 경우도 있다.

40) 근대주의(modernism)
'주의=ism'란 행동을 일으킬 때의 행동원리를 말한다. '모더니즘 건물'이란 여기서 말하고 있는 '부위로 발상한다'는 원리로 디자인된 건물을 일컫는다. '모던한 건물'이라고 말할 경우에는 근대 전반에 유행했던 아르누보 등도 포함한 디자인 경향의 건물을 의미한다.

41) 도미노 시스템(system Domino)
르 코르뷔지에가 고안한 구조시스템. 1914년. 종래의 돌을 쌓아 만드는 조적조와는 다른 획기적인 구법. 수평 상판과 기둥으로 만들기 때문에 주량구조와는 약간 다르지만 기본적인 원리는 같다고 생각할 수 있다.

립골체'로 해석할 수 있다.

건물은 수많은 부품으로 복잡하게 이루어지는데, 완성 후에는 외벽으로 덮여 있어서 내부의 구조가 어떤지 볼 수가 없다. 그 안에 가려져 있는 골조부분을 보여준 것이 바로 르 코르뷔지에의 도미노 시스템이라는 그림이다.(다음 페이지 참조)

이 그림을 보면 수평으로 된 3장의 상판을 6개의 기둥이 지지하고 있으며, 오른쪽 모서리에 계단이 1층과 2층과 옥상을 연결하고 있다. 가장 아래인 바닥 밑에는 6개의 기초가 설치되어 있다. 독립기초로 되어 있어 상부하중을 지면으로 전달하는 역할을 하고 있다. '독립골체'라는 언어의 의미를 쉽게 알 수 있다.

여기서 잠깐, 여담이지만 르 코르뷔지에 발상법의 특징을 하나 들어보겠다. 그는 이제까지 없던 새로운 아이디어를 생각할 때 이를 표현하는 수단으로서 늘 적확한 언어를 시각적인 이미지로 나타내는 스케치를 사용했다. 언어와 이미지를 동시에 사용함으로써 보는 이로 하여금 그 내용을 구체적으로 이해할 수 있도록 했다.

_피막

도미노시스템 그림에는 '외벽'이나 '창'이 그려져 있지 않다. 바로 그러한 점이 도미노시스템의 포인트이다. 중요하지 않아서 그리지 않은 것이 아니라 독립골체와는 별개의 '다른 생산방법'으로 설치되는 '외피부분'이 있다는 것을 암시하는 것이다.

여기서 '피막'이라는 것은 '건물의 외측'에 설치되는 공장에서 생산된 '외벽이나 창'을 말한다. 피막의 종류와 그 공법은 크게 네 종류로 나눌 수 있다. 즉 '유리 커튼월', '1매벽', '유공벽', '입체격자'이다. 이들을 정리하면 다음 페이지의 그림과 같다. 피막의 네 종류를 설명하기 위해 르 코르뷔지에의 작품을 사용해도 좋겠지만 그와 같은 시대에 있던 다른 건축가의 작품을 들어 설명하겠다. 실제로 '독립골체와 피막'이라는 견해는 르 코르뷔지에뿐만 아니라 당시

독립 골체

도미노 시스템

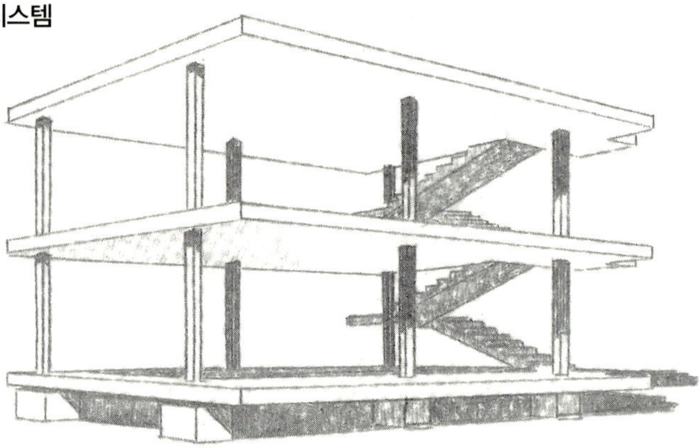

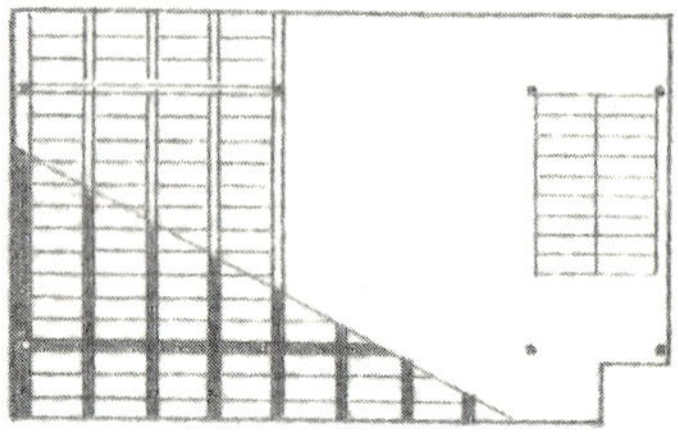

평면도

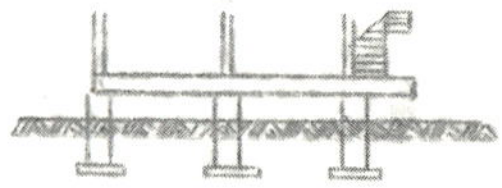

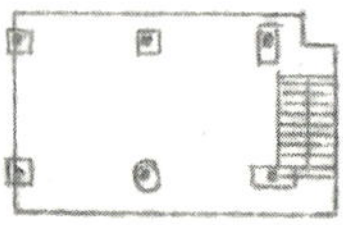

기초평면도

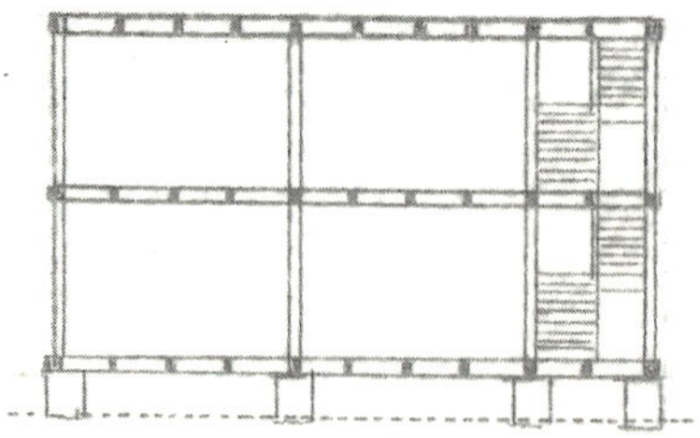

단면도

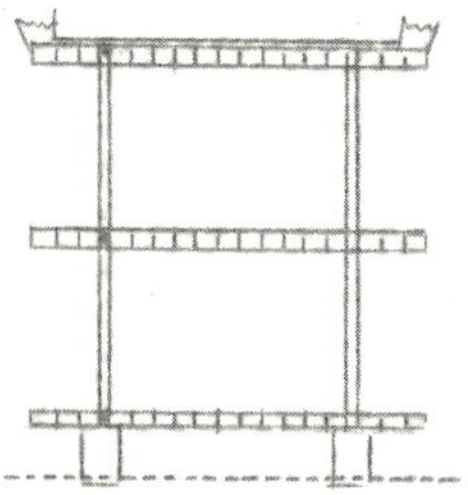

단면도

르 코르뷔지에 설계, 1914년

근대주의 건축가들의 머리 속에 '공통된 관념[42]'으로 있었기 때문이다.

_피막 1 (유리 커튼월)

오늘날에는 전면유리로 된 건물을 흔히 볼 수 있다. 건설이 시작되면 철골이 정글짐처럼 짜여지고, 좀 지나면 크레인으로 유리를 들어 옮겨 건물 외벽을 투명하게 장식한다. 이렇게 얇은 피막을 '유리 커튼월'이라 한다.

여기서 잠시 '커튼월공법'에 대해 이야기해보겠다. 거리를 걸어 다니다보면 콘크리트패널, 금속패널, 타일붙임패널 등이 크레인에 매달려 건물 외측에 설치되는 모습을 자주 보게 된다. 이렇게 '독립골체' 외측에 '커튼'처럼 매달아 볼트 지지로 설치하는 외장공법을 총칭하여 '커튼월공법'이라 한다. 그 중에서도 가장 눈길을 끄는 것은 아마도 전면유리로 덮인 '유리 커튼월' 공법일 것이다.

이 같은 방법을 도입한 최초의 작품은 그로피우스[43]가 설계한 '데사우의 바우하우스'[44] 가 아닐까 싶다. 교실부분의 외측을 2층에서 4층까지 전면유리로 장식

---

42) 공통된 관념
동시대의 건축가들이 어떤 아이디어를 '공통된 관념'으로 가지고 있었다 해도 그 아이디어에 '명명=naming'을 한 디자이너가 따로 있다고 하자. 결과적으로 후세에는 명명한 디자이너를 최초로 생각해 낸 사람으로 받아들일 수 있다. 그런 의미에서 볼 때 르 코르뷔지에는 훌륭한 네이밍 전문가라고 할 수 있다. 아이디어를 이미지와 언어로 함께 표현해야 하는 것에 대한 중요성을 알 수 있다.

43) 그로피우스(Gropius, Walter)
1883~1969. 독일의 건축가. 베렌스 사무소에서 공부하고 퍼그스 구두공장에서 근대건축의 선구를 나타냈다. 바이마르의 바우하우스 지도자가 되어 데사우의 바우하우스 교사에서 근대건축의 전형을 보였다. 1937년에는 미국으로 건너가 하버드대학 교수를 역임했으며 설계활동도 했다.

44) 바우하우스(Bauhaus)
1919년 독일의 바이마르에 그로피우스를 교장으로 하여 창설된 국립 조형학교. 바이마르의 바우하우스는 1924년에 폐쇄되었고, 그 다음 해에 데사우 시에서 재생되었는데 나치의 탄압으로 1933년에 해산되었다. 공업기술시대의 조형을 추구하고 독창적인 교육기관으로서 근대디자인운동의 한 획을 그은 것으로 유명하다.

피막

1

유리 커튼월

바우하우스
그로피우스 설계, 1926년

2

1 장벽

슈뢰더 저택
리트펠트 설계, 1924년

3

유공벽

슈타이너 저택
로스 설계, 1910년

4

입체격자

파시스트당 본부
테라니 설계, 1936년

했다. 기둥 바깥쪽을 약간 들뜨게 설치하는데, 그렇게 함으로써 이곳이 피막이라는 것을 디자인적으로 강조한 것이다. 현대적 관점에서 봐도 매우 참신하다. 유리 커튼월 공법은 현대에도 여전히 인기 있는 공법이다. 아직까지도 끊임없이 개량을 거듭하고 있으며, 대형 유리설치공법, 유리·리브공법, 투명한 수지로 맞대는 수지접착공법, DPG(Dot Point Glass)공법 등이 있다.

지금도 거리를 걷다가 뭔가 투명하고 참신한 느낌이 들며 시선을 끄는 건물이 있다면 분명히 유리커튼월 공법의 최신작일 것이다. 풍압과 하중에 대한 강도문제 해결, 투명감을 유지하기 위한 청소문제 해결 등 더 많은 기술을 축적하면서 프레임리스(틀이 보이지 않는 상태)를 향해 끊임없는 기술 추구가 이루어지고 있다.

_피막 2 (1장벽)

건물 외벽의 일부를 '1장벽'처럼 취급하는 디자인방식을 말한다. 이 벽에는 창이나 문 등의 개구부를 절대 설치하지 않는다는 디자이너의 확고하고 강한 의지가 요구된다.

유리 커튼월 출현에 의해 유리면에는 '채광과 환기'를 담당시키고 외벽에는 '단열과 차음'을 담당시키는 환경제어 면에서의 역할분담이 가능하게 되었다.

리트펠트[45]가 설계한 슈뢰더 저택[46]은 하얗게 칠해진 독특한 '1장벽'이 다른 개방적인 개구부와는 대조적으로 웅장하면서도 긴장감 있는 아름다운 비례미를 나타내며 설치되어 있다.

---

45) 리트벨트(Rietveld, Gerrit Thomas)
1888~1964. 네덜란드의 건축가. 아버지의 가구공방에서 훈련을 받으며 어깨너머로 건축을 배웠다. 1918년에 데 스틸 멤버가 되었으며, 단순한 요소의 결합에 의한 디자인은 근대건축과 가구에 큰 영향을 주었다. 목제로 된 'Red-Blue 의자'는 현대에도 꽤 유명하다.

46) 슈뢰더 저택(Schroder House)
1924년. 리트펠트 설계. 네덜란드의 유트레히트에 지은 데 스틸파의 대표적 주택. 방들을 모두 1층으로 모으고, 2층은 이동칸막이를 이용하여 방 하나가 일곱 개의 방이 될 수도 있도록 디자인되어 있다. 외관은 red, yellow, white를 조합시키고 수직·수평 강조에 의해 정면이 아닌 방향성이 없는 입면으로 디자인되어 있다.

좀더 세련된 예로는 미스가 설계한 '바르셀로나 만국박람회의 파빌리온'(1929년)을 들 수 있다. 이 작품의 경우 1장벽이 좀더 두껍게 제작되어 자립하고 있다. 벽의 가로에 있는 십자형 단면의 독립성과는 관계가 없는 '독립벽'으로 되어 있다. 게다가 그 위에 놓여 있는 지붕도 '1장지붕'으로 되어 있어 긴장감 있는 디자인을 나타내고 있다. 이 작품에서도 어김없이 벽에는 문이나 창 등의 개구부를 절대 설치하지 않은 강한 의지를 느낄 수 있다. 오늘날에도 '1장벽'의 디자인은 얼마나 더 얇게 할 것인지를 테마로 끊임없는 기술적 도전이 이루어지고 있다.

_피막 3(유공벽)

무엇보다도 건물은 생활의 도구인 이상 '단열과 차음'을 위한 외벽이 필요하다. 그리고 '채광과 환기'를 위한 창도 필요하다. 이들 모두를 고려하여 '벽과 창을 일체화시킨 것'을 여기서는 '유공벽'이라고 부르겠다.

옛말에 흔히 '두부에 구멍을 낸 것 같은 건물'이라고 비꼬아서 말하던 디자인이다. 하지만 생활에 있어서 창은 어떤 건물에나 필요하기 때문에 창 자체를 비난한 것이 아니라 개폐방식에 대한 '미학적 배려'가 부족함을 비꼬던 말이다.

이제 '유공벽'의 예로 로스[47]가 설계한 슈타이너 저택[48]을 살펴보기로 한다. 물론 앞에서 말한 것처럼 비난의 예가 아닌 미학적 배려가 훌륭한 예이다.

하얗고 기하학적인 형태를 한 외관은 좌우대칭으로 배치되어 전체적으로 통일감을 주고자 노력한 것을 볼 수 있다. 통일감 중에서도 요철에 의한 깊은 음영으로 안목과 변화가 느껴지는 긴장감을 자아내고 있다.

---

47) 로스(Loos, Adolf)
1870~1933. 오스트리아의 건축가. 드레스덴 공과대학에서 공부한 후 미국으로 건너감. 귀국 후 무장식적 건축을 주장했다. 디자인보다는 '장식은 죄악이다'라는 표어로 근대 건축에 큰 영향을 주었다.

48) 슈타이너 저택
1910년. 빈에 세운 로스가 설계한 철근콘크리트 주택이다. 미국에서 귀국한 후 장식이 없는 즉물적인 건축을 주장했는데, 이 건물은 그의 생각을 구체화시킨 것으로 유명하다.

창으로 시선을 돌려 창의 배열방식을 보면 최상층 창을 가로로 일렬이 되게 맞춘 상하틀의 수평선이 통일감을 느끼게 한다. 한편 중앙 상부의 오목한 부위에는 세 개의 창을 냈는데, 가운데는 크게 하고 좌우를 작게 하는 변화를 줌으로써 단조로움을 피했다.

_두부에 구멍이 뚫린 것 같은.....

서구의 건축가들은 벽면은 아름다워야 한다는 고정관념에 이상하리만큼 얽매여 있는데, 디자인으로 말하면 '입면 디자인'이라고 말할 수 있을 정도이다.

반면 일본의 경우는 신축시 '칸살잡기 = 평면(플래닝)'에 고정관념을 보이는 사람들이 많다. 반면 '입면 디자인'에 대해서는 디자이너나 시공주가 의외로 무덤덤한 경우가 많다. 과연 어떤 배경 때문에 일본에서는 입면에 대한 관심이 적은 것일까? 그렇다고 입면에 대한 관심이 전혀 없다는 것은 아니며, 칸살잡기가 정해지고 나면 자동으로 입면이 정해지는 시스템이라고 필자는 생각한다.

일본은 오래전부터 '목조축조'[49]에 의한 진벽구조가 주류를 이루었다.

이 같은 전통적 구조는 '1칸=약 1.8m'라는 기둥과 기둥의 간격이 정해지면 그 사이에 미닫이와 맹장지를 넣는다. 그러면 문지방과 상인방 사이도 약 1칸이 되며 거기에 사방 약 1.8m의 정사각형에 가까운 멋진 개구부가 자연스럽게 정해진다. 대규모 종교건축이나 전당건축의 경우 상인방에 대부분 중인방이 온다. 중인방은 장식이 아니라 기둥과 마찬가지로 역학적 기능을 한다. 중인방의 폭은 기둥과 거의 같다. 기둥과 중인방 사이를 토벽으로 하면 여기에도 정사각형에 가까운 멋진 비례의 벽면이 자연스럽게 생긴다. 정사각형 외에도 1:2의 직사각형, 약 1:1.6의 황금비에 가까운 직사각형 등의 벽면 구성이 가능하다. 굳이 입면도를 그리지 않아도 '칸살잡기'가 정해지면 일본 특유

49) 축조(framework)
목조건물의 토대와 보 사이에 있는 벽체의 구조부분을 말한다. 기둥이나 사잇기둥으로 구성된 골조부분으로, 가새로 보강되는 경우도 있다. 지붕의 구배부분은 지붕틀이라 하여 축조와는 구별된다.

의 '축조'라는 구법시스템 내에 기하학적인 멋진 비례의 벽면을 자동으로 만들어내는 구조가 되는 것이다(그림 참조, 園城寺勸學院).

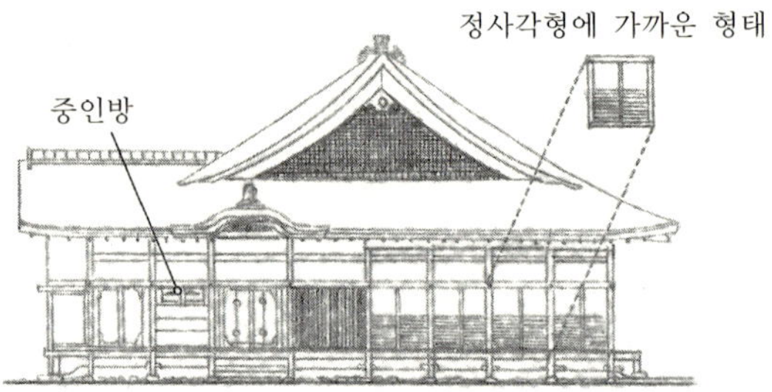

진벽구조의 예(園城寺勸學院)

도편수는 사전에 입면도를 그리지 않아도 기둥의 위치만 정해지면 머리 속에서 벽면 구성을 입체적으로 이미지화시킬 수 있다. 초보자가 그것을 도면으로 해달라고 해도 나중엔 도편수에게 맡겨두라고 하게 되어 그대로 건설되는 것이 실정이었다.

하지만 오늘날 일본의 건축사정은 그때와는 다르다. 한신대지진(阪神淡路大震災)에서 보았듯이 지진과 화재에 대한 일본인의 공포는 엄청나게 심해져 건물을 신축한다고 하면 내진구조와 방화구조를 우선으로 여기고 있다. 이 구조는 '대벽구조'를 필요로 한다. '대벽(大壁)'은 구조재인 기둥이나 보 등의 외측이 구조용 합판이나 라스보드 등으로 덮여지기 때문에, 완성되고 나면 기둥이나 보의 아름다운 비례를 전혀 볼 수 없는 이른바 두부에 구멍이 뚫린 것 같은 유공벽 모습으로 되어 버린다.

그래서 서구에서 개발된 '유공벽'의 디자인 방법을 배우는 것이 중요하게 되었다. 구멍을 어떻게 멋지게 낼 것인가에 대한 방법이다.

로스에게서 배울 것이 있다면 바로 초보적인 방법 중 하나인 '정렬'이라는 미학적 처리법이 아닐까 싶다. 같은 층의 창은 가로로 한 줄이 되게 위틀과 아래틀을 수평으로 정렬하고, 상하층으로 나열되는 창은 세로틀의 선을 각층에서 정렬하는 방법이다(구로다씨 저택의 서양관 그림 참조).

창의 개폐방식은 먼저 '정렬'을 하고 나서 그 다음부터 '분산'을 하면 된다.

대벽구조의 예(구로다씨 저택의 서양관)

2단계에서 하면 분산 후에도 맨 처음 정렬시켰을 때의 선이 '은선(隱線)'이되어 남아 있다. 미학적으로 고려했다는 노력을 나중에라도 확인할 수 있다.

_피막 4(입체격자)

지금까지 설명한 '3가지 피막', 즉 유리커튼월, 1장벽, 유공벽은 모두 구조체 '외측'에 피막을 설치하는 방식이었다.

이 같은 방법과는 전혀 다른 구조체 '내측'에 '피막'을 설치하는 방법이 있다. 그렇게 하면 외관으로 볼 때 독립골체의 '기둥과 보'가 바깥쪽으로 도드라져 보인다. 바로 이것이 '입체격자'의 원리이다.

테라니[50]가 설계한 파시스트당 본부[51]는 기둥의 폭과 보의 폭을 거의 같은 치수로 하는 미학적 배려로 정사각형에 가까운 '격자=grid' 파사드를 만들어내고 있다. 그 안에 실내의 채광과 환기를 제어하기 위한 유리창과 벽이 놓인다.

---

50) 테라니(Terragni, Giuseppe)
1904~1943. 이탈리아의 근대건축가. 밀라노 근교에서 태어나 코모에서 사망함. 밀라노공과대학을 졸업한 후 기하학형태를 이용한 독자적인 기능주의를 추구했으며, 대표작인 파시스트당 본부로 유명하다.

51) 파시스트당 본부(Casa del Fascio)
1936년. 테라니 설계. 현대에는 Casa del Popolo(인민의 집)라는 이름으로 바뀌어 사용되고 있다. 이탈리아 근대 건축의 최고 걸작이라 불리며, 제2차대전에 가담함으로써 한때 불우한 취급을 받았다. 거의 정사각형에 가까운 부지에 중정을 두고 외관은 매우 매시브하며 철근콘크리트 돌붙임 장식이 없는 건축이다.

일본에서는 나라나 교토 등지에 가면 고건축이 남아 있어 기둥이나 보가 도드라져 보이는 '입체격자' 디자인을 볼 수 있다. 하지만 현대에는 내진구조와 방화구조 등의 제약으로 '대벽구조'로 해야 하는 경우가 많다. 목조에 의한 입체격자는 어려운 것이 사실이지만 철근콘크리트조나 철골조이면 가능하기 때문에 한번 도전해보는 것도 좋을 것이다.

_4단계 결합법

독립골체와 피막은 어떻게 결합시켜야 훌륭한 결합이 될 수 있을까? 항상 이 같은 고민이 큰 테마가 된다. '언어로 발상하기'에서 언급했던 고전주의에서도 고대 그리스의 '주량구조'와 고대 로마의 다소 두꺼운 '볼트·피어구조'를 어떻게 결합시키느냐가 큰 과제였다.

무엇을 결합시킬 것인가는 고전주의와 다르지만 근대주의에도 4단계 결합법이 있다. 근대주의 건축가들이 의식적으로 고전주의를 계승했는지 아닌지는 알 수 없지만 분명히 존재한다.

우선, 피막을 독립골체 외측에 캔틸레버[52]로 약간 뜨게 설치하는 커튼월공법과 입체격자가 되도록 내측에 설치하는 공법이 있으며, 그 사이에 얕게 설치할 것인지 깊게 설치할 것인지의 2단계를 설정하면 '4단계 결합법'이 가능해진다.

건축디자이너라면 건물의 파사드에 아름다운 표정을 갖게 하는 기술을 배우는 것에 꽤 관심이 있을 것이다. 결합방법에 따라 밋밋하게 보이기도 하고 그늘져 보이기도 하는 등 그 시각효과가 전혀 달라진다. 동양인 입장에서 보면 고전주의와 근대주의가 전혀 별개인 것처럼 보이지만, 서구인들은 서로 연결된 것으로 생각할 수 있다.

---

52) 캔틸레버(cantilever)
한쪽 끝은 고정시키고 다른 쪽 끝은 자유롭게 한 보를 일컫는다. 가볍게 떠있는 것처럼 보이는 시각효과를 내기 때문에 근대주의 건축에 없어서는 안 될 기술로서 수많은 건축가들에 의해 널리 이용되었다.

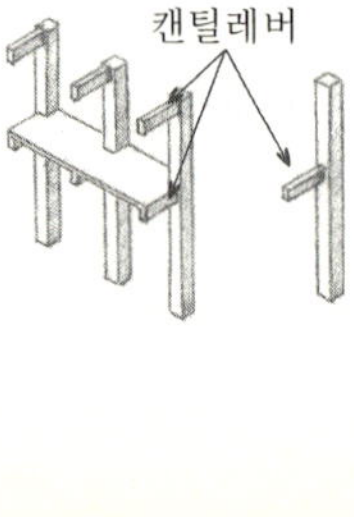

4단계 결합법

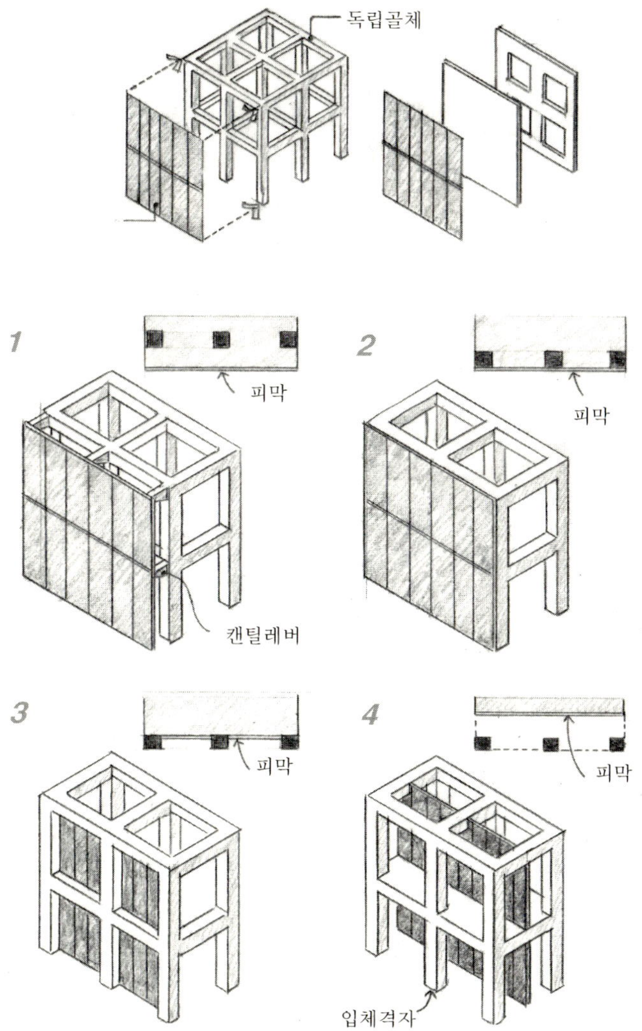

탈구축으로 발상

_구축에 입각하여

근대주의가 '구축'된 20세기 전반에는 독립골체에 피막을 설치할 경우 대부분 '직각'이나 '평행'으로 했다. 그렇게 완성된 작품은 왠지 딱딱하고 엄격한 분위기를 냈다. 그렇게 20세기 후반에 접어들면서 어딜 봐도 한결같이 근대주의 원칙에 따른 건물들 일색이어서 그 원칙에 따른 건물들에는 더 이상 참신함을 기대할 수 없게 되었다. 돌이켜보면 과거 르네상스 후 마니에리즘 시대와 같은 상황이 된 것이다. 그런 매너리 상태에서 벗어나고자 하는 움직임이 일어나기 시작했는데, 바로 '탈근대=포스트모던postmodern' 이다.

찰스 젱크스의 저서 《포스트모더니즘의 건축언어》[53]에 의하면 그러한 움직임 중 하나로 '탈구축[54]=디컨스트럭션'이라는 발상법이 있었다고 한다. 이 방법을 이용할 경우는 먼저 '구축'되어 있는 '약속사항'이 존재해야 한다는 것이 전제가 된다. 즉, 구축에 입각해서 이를 변형시키거나 탈피하는 방법으로 '일탈'시킴으로써 이제까지 없던 '새로운 것'을 생각해내는 방법이다.

---

53) 《포스트모더니즘의 건축언어》
찰스 젱크스 저. 근대주의의 막다름을 보이기 시작한 1970년경부터 80년경에 걸쳐 다양한 건축디자인이 나타났는데, 그 경향을 분석한 평론서이다.

54) 탈구축(econstruction)
포스트모더니즘의 디자인 경향에는 다양한 움직임이 있는데, 그 중 대표적인 방법이다. 특징은 '구축'에 입각하여 이를 탈피함으로써 창의성을 나타내고자 한 점에 있다.

탈구축으로 발상한다

구 축	탈구축

1 유리 커튼월

퍼시픽 디자인센터
펠리 설계, 1976년

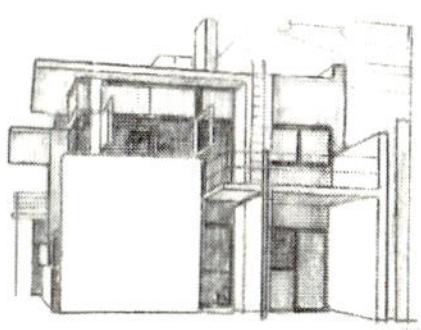

2 1장벽

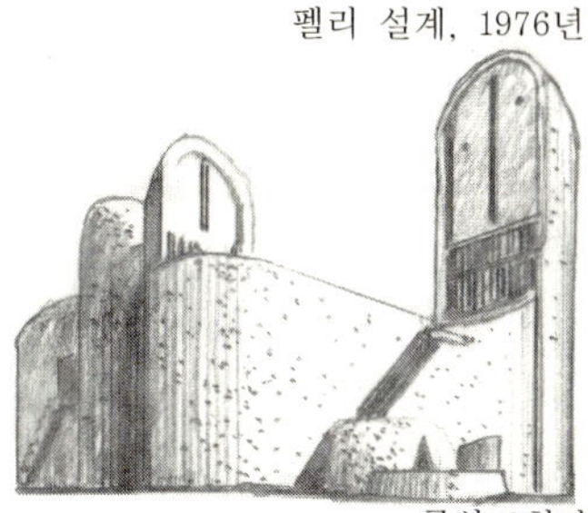

롱샹교회당
르 코르뷔지에 설계, 1955년

3 유공벽

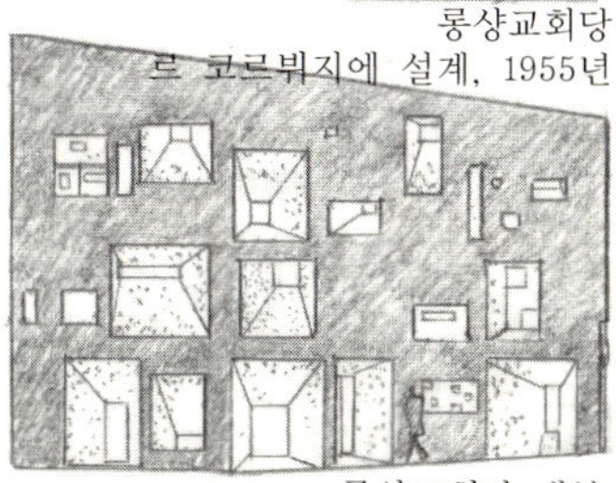

롱샹교회당 내부

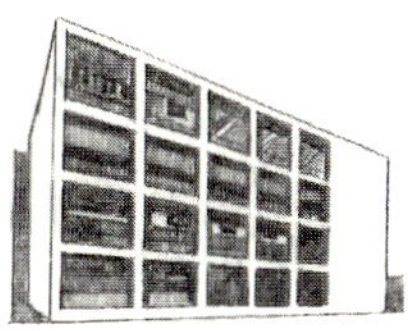

4 입체격자

주택 3호
아이젠만 설계, 1971년

_탈구축 1(유리커튼월)

펠리[55]가 설계한 퍼시픽 디자인센터[56] 를 예로 들어보자. 일명 '푸른 고래'라고 불리며 사람들에게 친근감을 갖게 한 로스앤젤레스 교외에 있는 건물이다. 건물 외관의 특징은 파란색 반사유리 피막이 지붕부분에서 둥글게 되어 있고 벽면부분은 넓은 각으로 구부러지며, 둔각으로 오버행시키면서 건물 전체를 '유리 커튼월'로 덮고 있다.

이 건물은 바우하우스의 교사에서 볼 수 있던 것처럼 평활한 유리면이 똑바로 내려오거나, 직각으로 구부러지는 각진 형태는 볼 수 없다. 마치 고래 등처럼 둥글고 부드럽게 이루어져 유리라고 느껴지지 않을 정도로 경쾌한 피막이 건물 전체를 감싸고 있다.

_탈구축 2(1장벽)

르 코르뷔지에가 설계한 롱샹교회당은, 외벽 전체에 걸쳐 부드럽게 구부러지는 철근콘크리트로 만들어져 있다. 그런데 잘 보면 벽면 곳곳에 세로로 균열이 있고 분할된 '1장벽'으로 되어 있음을 알 수 있다.

르 코르뷔지에의 초기 저서인 《건축을 향하여》라는 책을 보면 평활한 평면과 엄격한 직각으로 제작하는 방식을 찬미하고 있다. 하지만 그의 만년(晩年) 작품인 롱샹교회당은 전혀 다른 모습임을 알 수 있다. 이를 두고 세간에서는 자신의 신념을 버린 변절자로 볼 것인지, 더 높은 창조성을 위해 과거를 탈피한 것으로 볼 것인지에 대해 의견이 분분하다. 필자의 견해를 덧붙이자

---

55) 펠리(Pelli, Cesar)
1926~. 미국의 현대를 대표하는 건축가. 알젠틴에서 태어나 일리노이공과대학에서 석사학위를 받고 사리넨 사무소에서 수행. 설계활동과 동시에 예일대학 건축학부장을 맡고 있다. 대표작으로는 도쿄의 미국대사관 등이 있다.

56) 퍼시픽 디자인센터(Pacific Design Center)
1976년. 펠리 설계. 로스앤젤레스 교외에 지어진 대규모 전시시설. 건축관련 기업 사무실과 쇼룸 등으로 이루어져 있으며, 파란 반사유리가 추상적으로 느껴지는 이 건물은 길이가 161미터에 이르는 거대한 규모이다.

면 한 건축가의 작품인생 전반에는 '구축'을 후반에는 '탈구축'을 함으로써 2회에 걸쳐 창조를 해낸 것이라 생각한다.

마찬가지 방법으로 2회 이상 창조를 해낸 예술가로 피카소를 들 수 있다. 예술가의 인생에 있어서 젊을 때 나타나는 능력과, 연륜을 쌓으면서 나타나는 또 다른 능력이 있는 것으로 인정할 수 있다. 변절이라고 생각하는 것은 별로 좋지 않을 것 같다.

_탈구축 3(유공벽)

르 코르뷔지에가 설계한 롱샹교회당[57]은 외벽도 매력적이지만 남측 주 현관 오른쪽에 가로로 놓인 다소 두꺼운 '유공벽'이 특히 매력적이다. 랜덤하게 배치된 크고 작은 다양한 색유리가 박힌 '구멍'이 적당히 흩어져 있으며, 어딘가에 제어선이 숨겨져 있는 듯한 묘한 매력을 가진 '탈구축'된 멋진 유공벽이다.

슈타이너 저택에서는 각 창틀에 수평인 선 또는 세로선을 정렬시켜 통일감을 주기 위해 노력했었다. 그에 반해, 롱샹교회당은 싸락눈이 내린 것처럼 빛 구멍을 분산시켜 보는 이로 하여금 빛의 신비로움을 느끼게 하는 아름다운 작품이다.

---

57) 롱샹교회당(Notre-Dame;du-Haut, Ronchamp)
1955년. 르 코르뷔지에 설계. 프랑스 동부의 마을 롱샹언덕 위에 지은 교회당. 외관은 보는 장소에 따라 다양한 모습을 나타내며, 어디에서 봐도 아름다운 건물이다. 크게 휘어진 지붕은 이중 셸로 되어 있고 내부에는 200명을 수용할 수 있는 좌석이 있다.

_탈구축 4(입체격자)

아이젠만[58]은 '주택3호'(1971년)의 완성사진과 함께 완성에 이르기까지의 과정을 그림으로 만들어 발표했다(다음 페이지 참조). 이 그림에서 그가 어떤 식으로 '구축'하고 어떤 식으로 '탈구축'시켰는지를 알 수 있다. 즉 '약속사항에서 발상하기'라는 방법을 택했을 경우, 어떻게 약속사항을 만들고 어떻게 그 약속사항을 깨뜨리는지 그 경과를 밝혀두는 것 역시 중요하다.

이 그림에서 왼쪽 위에 있는 첫 번째 그림을 보면 '정육면체'로 시작되고 있다. 그 오른쪽에 있는 두 번째 그림에서는 기둥과 보의 위치를 나타내는 '분할선'이 그려져 있다. 세 번째 그림에서는 정글짐처럼 '독립골체'가 만들어졌다. 이 단계까지를 '구축'으로 볼 수 있다.

네 번째 단계부터 '탈구축'에 들어간다. 실제로 거주하기 위해서는 온도조절과 채광을 위한 '피막'이 필요하다. 피막으로 둘러싸인 부분을 '45도 각도'로 이동시켜 구조체와 구별되게 한다. 각도를 만들어 이동하는 것은 전형적인 탈구축방법 중 하나이다. 또한 피막으로 둘러싸인 부분은 2개의 직육면체로 '분할'한다.

---

58) 아이젠만(Eisenman, Peter)
1932~. 미국의 건축가. 코넬대학, 콜롬비아대학 대학원, 케임브리지대학 대학원에서 공부하고 박사학위를 받음. 뉴욕에 건축도시연구소를 설립하고 '어긋남, 비뚤어짐' 등을 컨셉으로 한 새로운 공간창조를 시도했다. 작품에는 고이즈미 라이팅 시어터(동경추엽원) 등이 있다.

아이젠만의 방법

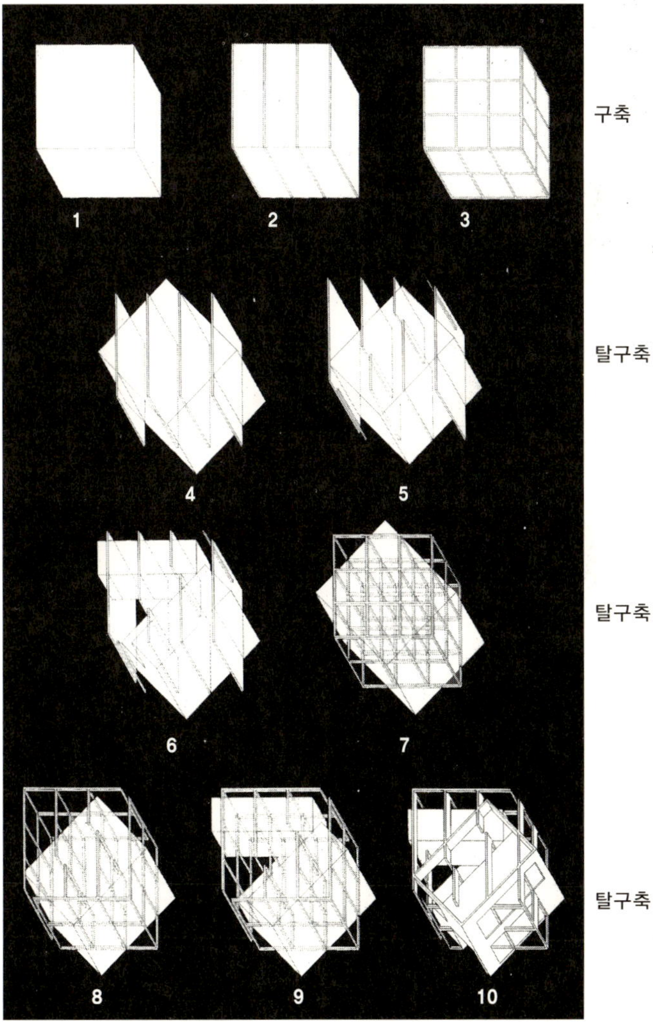

주택3호의 설계 프로세스

분할 역시 탈구축방법 중 하나이다. 독립골체는 입체격자가 되어 피막상자를 관통하고 있다. 관통이라는 방법 역시 탈구축방법 중 하나이다. 탈구축방법을 정리해 보면 다음과 같다.

1. 각도를 만들어 이동시킴으로써 직각을 깨뜨린다.
2. 본래는 하나였던 것을 여러 개의 입체로 분할한다.
3. 독립골체와 피막을 각도를 만들어 관통시킨다.

마지막 과정의 형태만 보면 어느 부분이 '탈구축'되었는지 알 수 없지만, 이처럼 설계과정을 디자이너 자신이 그림으로 표현해 두면 다른 사람에게 이해시키기가 쉽다. '약속사항에서 발상하기'에서는 '해설도'를 만들어 두는 것이 디자이너에게 있어서 중요한 업무가 된다.

'독립골체와 피막'이라는 구법은 현대의 '철근콘크리트조'나 '철골조' 건물로도 이어지고 있다. 이들 용어에 대한 해설과 디자인을 할 때 어떤 순서로 하면 좋을지 등을 CAD 도면으로 나타내 둔다.

column

[라멘과 핀]

라멘(Rahman)

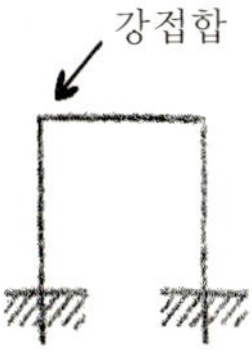

독일어. 영어로는 '리지드 프레임(rigid frame)' 이라고 하며, 일본어로는 '강접가구' 로 번역된다. 기둥과 보 등의 각 접점이 '강(剛)' 에 접합되는 골조를 말하며, 역학적으로는 휨재, 압축재, 인장재가 결합되는 형식을 말한다. 일반적으로 'RC조' 건물에 '라멘구조' 가 많다.

철근콘크리트조(reinforced concrete)

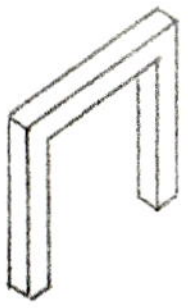

일명 'RC조'. 직역하면 '보강된 콘크리트' 가 된다. 어떻게 보강되는지에 대해 말하면, '콘크리트' 의 인장에 약한 점을 '철근' 의 인장에 강한 성질로 보강하는 것이다. 또한 산에 약한 철근을 알칼리성인 콘크리트로 보호하는 점을 들 수 있다.

핀접합(pin joint)

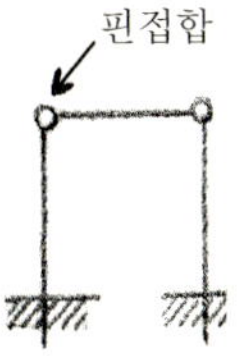

기둥이나 보 등의 접합점이 '핀' 으로 접합되어 있는 것을 말한다. 트러스의 접점 등을 핀접합으로 볼 수 있다. '핀' 은 골조를 구성하는 부재의 '접점' 이나 '지점' 의 접합형식 중 하나를 말하며, 회전은 자유롭지만 부재 상호간의 상대적인 이동이 구속된 접합상태를 가진 것을 말한다.

철골조(steel structure)

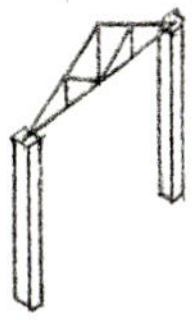

구조상 주요 골조부분에 형강, 강판, 강관 등의 '강재' 가 사용된 구조를 말한다. 경량이며 인성(靭性)이 뛰어나 고층건축이나 대스팬 건물에 이용되며, '강구조' 또는 '철골구조' 라고도 한다.

라멘구조 1

1 스팬을 정한다

1 3m 스팬

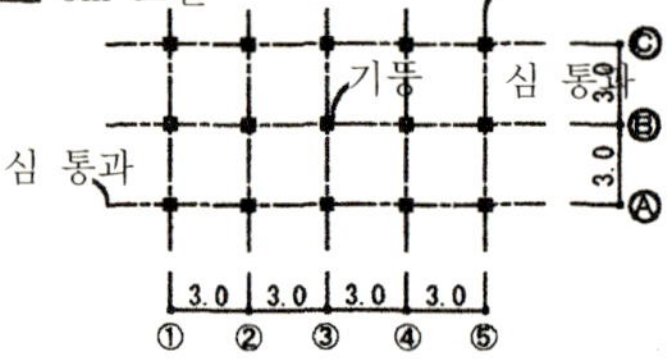

2 6m 스팬

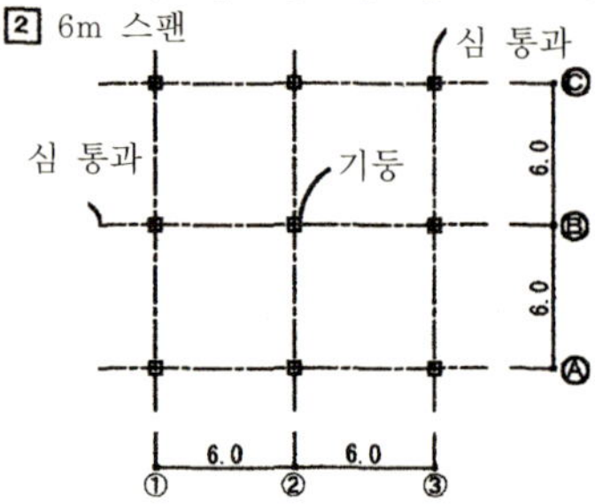

2 보의 위치를 정한다

1 3m 스팬

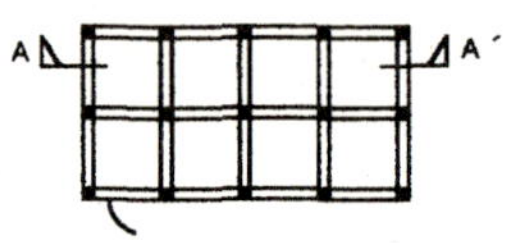

큰 보
(기둥과 기둥을 잇는 보)

2 6m 스팬

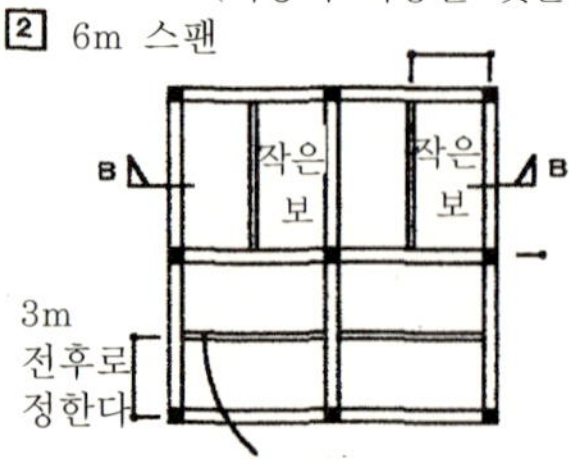

작은보
작은 보(큰 보와
큰 보를 잇는 보

3 층고를 정한다

기본설계 단계의 기준

1. 집합주택 FL≒3,000
2. 오피스빌딩 FL≒3,500
3. 점포 FL≒4,000

1 3m 스팬

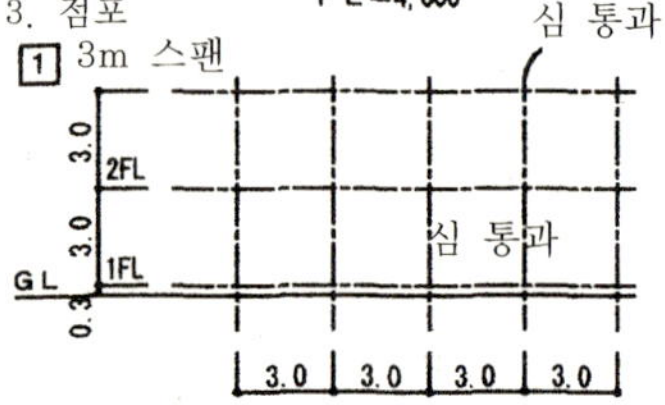

2 6m 스팬

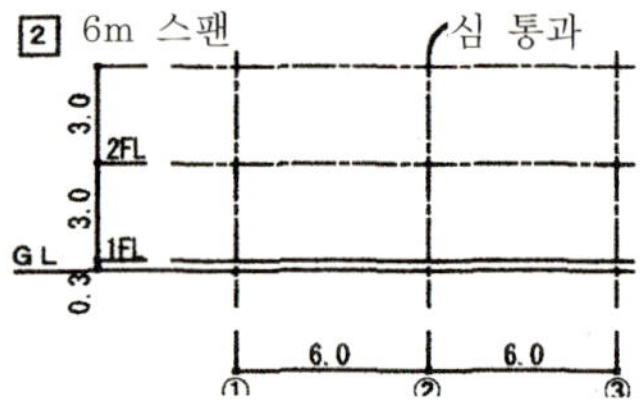

4 단면을 그린다

1 3m 스팬

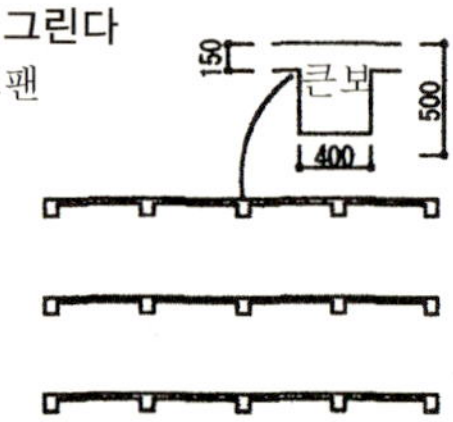

2 6m 스팬 3m 전후로 정한다

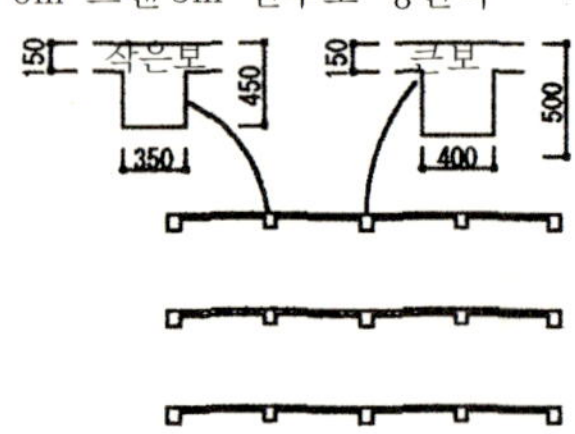

메모 : 보의 치수(높이·폭)은 기본설계 단계에서 대부분 정해지며 실시단계가 되면 전문가에게 계산을 의뢰한다.

라멘구조 2

5 엑소노매트릭도를 그린다

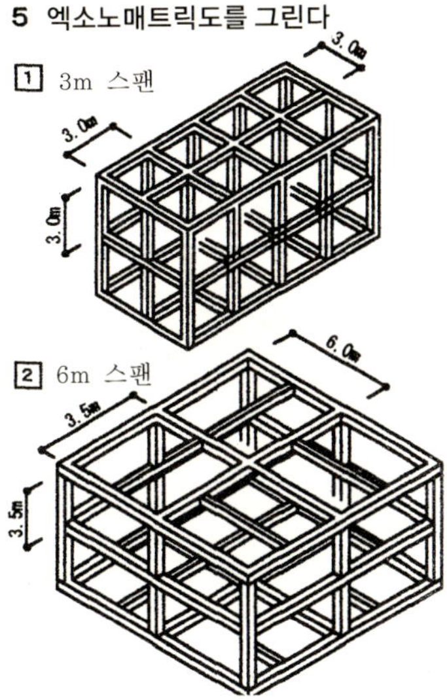

6 보의 형태를 정한다

1 외벽의 보

일반적인 보 의장화된 보

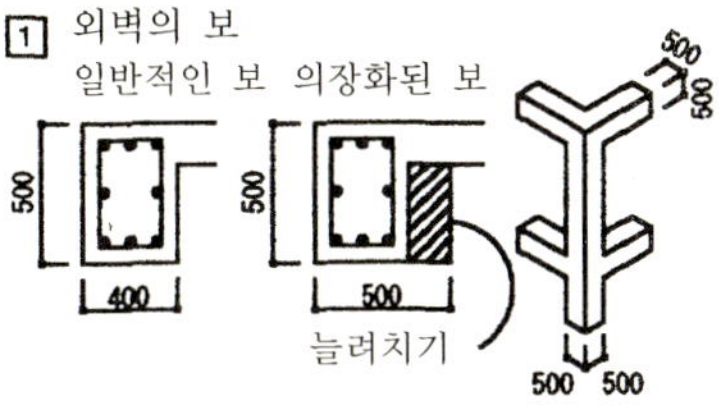

2 일반적인 보 의장화된 보

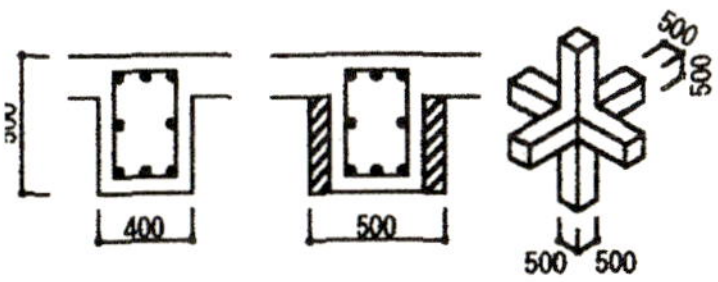

▨ 부분 : 역학적으로는 관계없지만 늘려치기를 하여 기둥과 보 모두 단면으로 보기 좋게 한다.

7 기둥 아래에는 반드시 기초가 온다

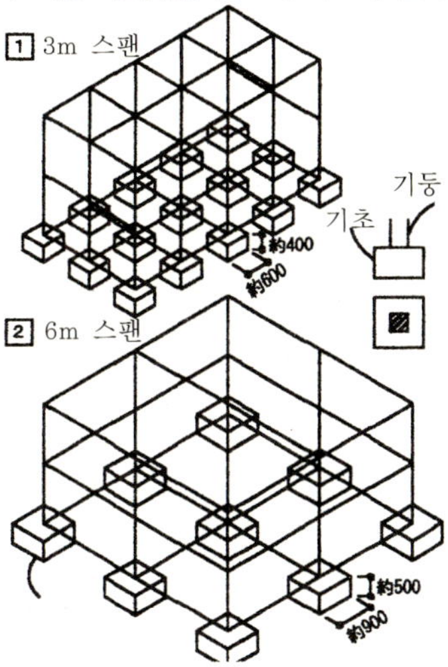

8 지중보와 기초의 관계를 정한다

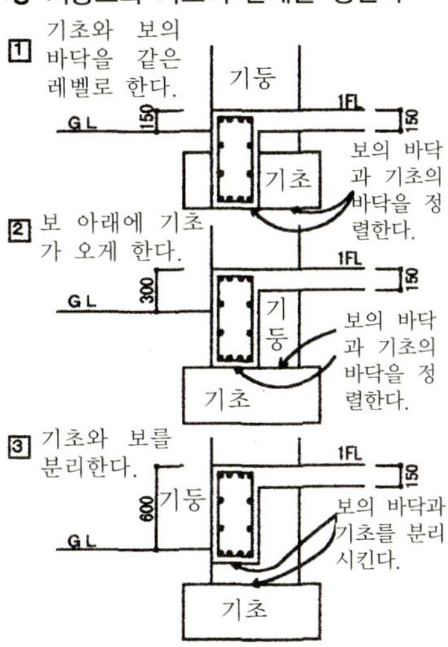

라멘구조 3

9 옥상의 빗물막이를 정한다

① 기본 ② 바닥을 댄다

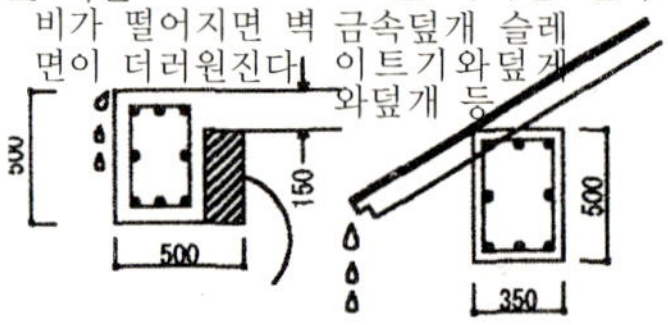

늘려치기를 하면 500×500으로 보인다

③ 패러핏을 세운다 ④ 역보가 되게 한다

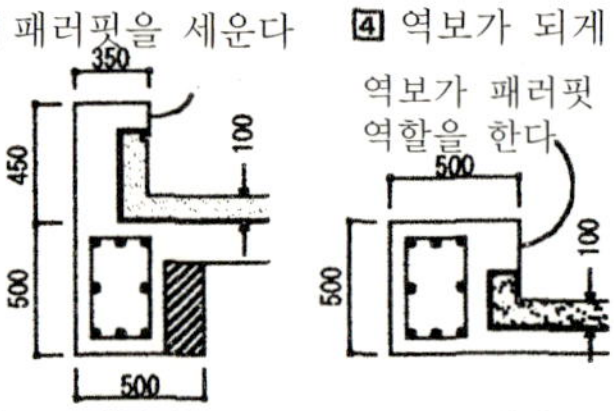

메모 : 기둥은 500×500으로 한다.

10 표준 커튼월공법

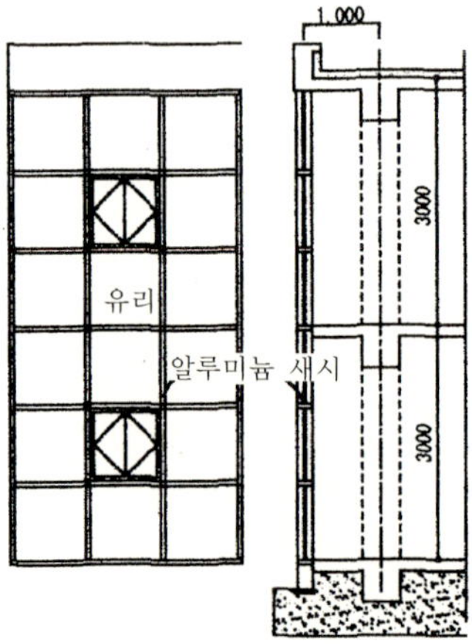

11 다양한 커튼월공법

① 유리리브공법

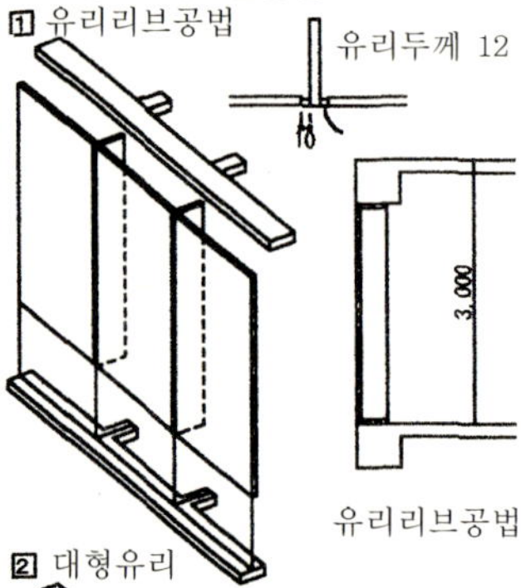

② 대형유리공법

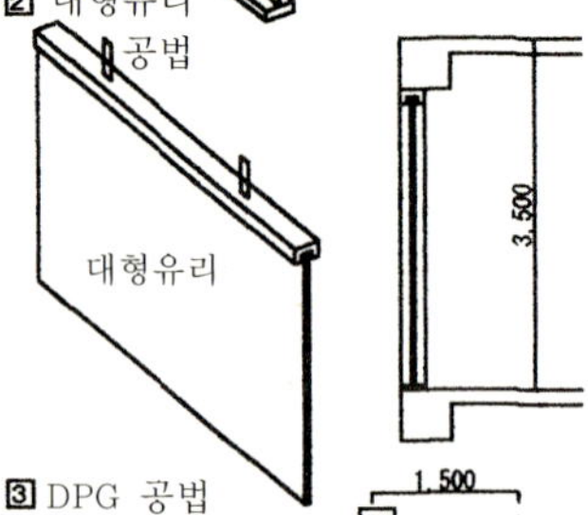

③ DPG 공법 (Dot Point Glass)

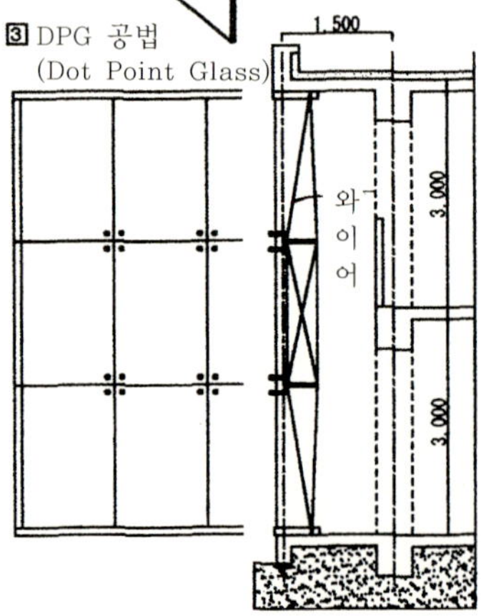

라멘구조 4

12 계단을 그린다

1 계단의 허용치수를 조사한다.
건축기준법 시행령 23조(일본건축법기준)

	한단의 높이	답면	폭
주택	220이상	210이상	750이상
사무동	200이상	240이상	1200이상

2 주택의 계단을 법률대로 그려보면 급경사로 되어 힘든 것을 알 수 있다.

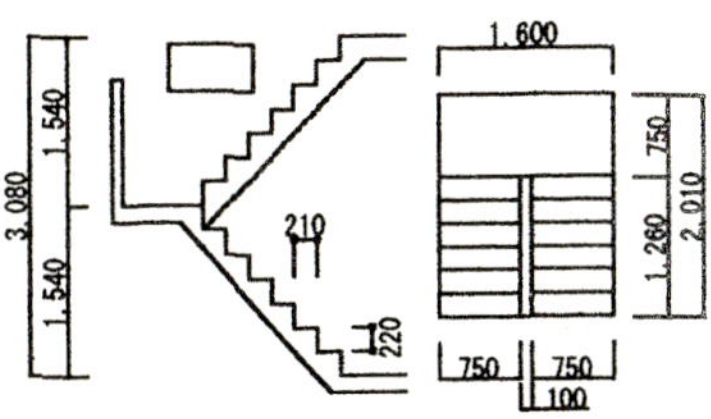

3 계산식을 사용하여 걷기 쉬운 치수를 구한다.
$550 \leqq T + 2R \leqq 650$

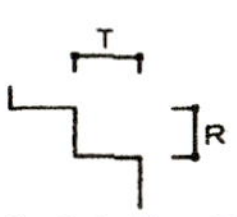

T = 250
R = 175 로 해본다.

그러면 걷기 쉽고 주택, 사무소 어디에서나 사용할 수 있는 치수가 된다.

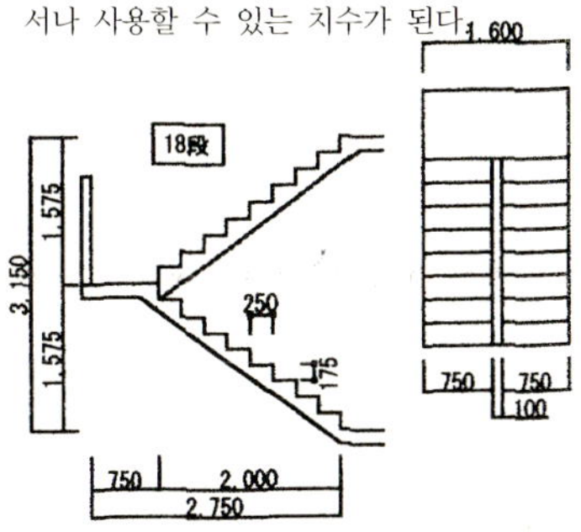

메모 : T=250, R=175는 주택이나 사무소 등 어디에서나 허용범위이므로 사용할 수 있다. 사무소 등에서는 폭을 1200으로 해서 사용하면 된다.

13 탈구축 방법 1(피막을 탈구축시킨다)

부위로 발상한다

① 독립골체를 구축한다

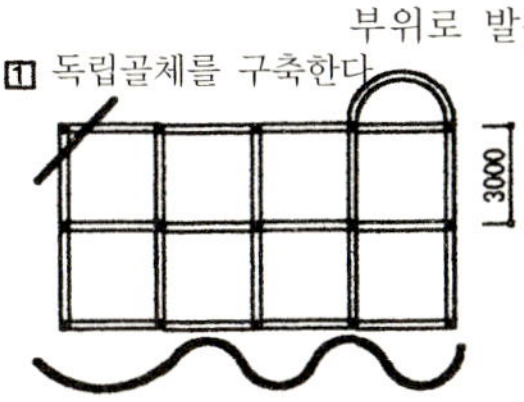

② 피막을 탈구축시킨다

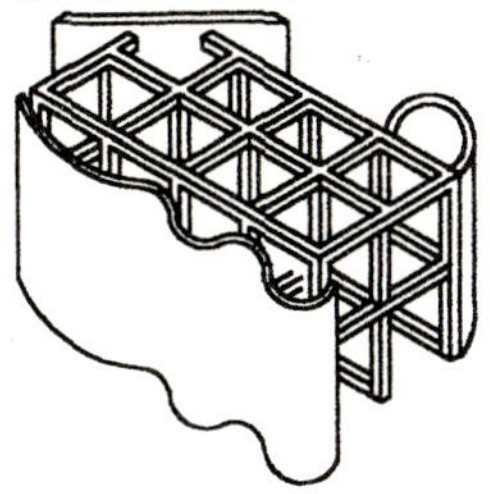

14 탈구축 방법 2 (독립골체를 탈구축시킨다)

① 구축한다　② 탈구축시킨다

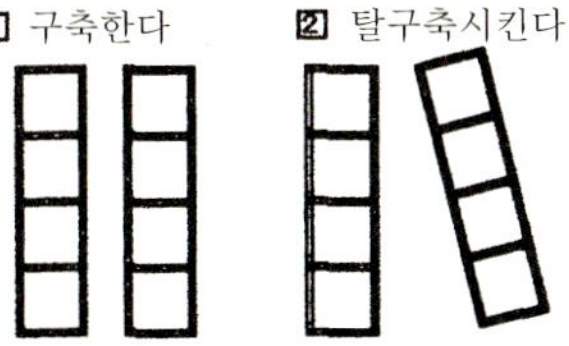

3 일본풍으로 발상하기

약속사항

서원조(書院造 ; 쇼인츠쿠리)[59]

서원조로 지을 때의 '약속사항'과, '다실(茶室)' 또는 '스키야조(數奇屋造)'로 지을 때의 발상법에 '창조성을 발휘'하는 구조가 있다고 보고, 일본풍으로 발상한다는 것이 어떤 사고방법을 말하는 것인지 그 한 예를 지금부터 소개하겠다.

전국시대부터 에도시대에 걸친 경장(慶長)연간, 전국의 무사들이 토너먼트식으로 싸워 '주종의 상하관계'를 서로 지어가면서 마지막으로 정점을 세운 것이 장군이 된 도쿠가와 이에야스(德川家康)였다. 전쟁 중에 생긴 주종관계는 평화로운 시대가 되어서도 계속 남았다. 당시에 왜 '서원조' 양식이 필요했는지 생각해 보겠다.

한 방 안에서 '주'가 되는 자와 '종'이 되는 자가 함께 있을 경우 '지위를 확인할 수 있는 장소'로 생각하면 이해하기 쉽다. 즉 '상단의 공간'은 주인이 되는 자가 한 명 앉고, '하단의 공간'은 부하가 되는 자가 한 명 내지 여러 명 앉는 구조의 공간인 것이다. 서원조란 건물 전체를 말하는 것이 아니라 이처럼 공간적 서열을 확인할 수 있는 '인테리어 공간'으로 생각하면 쉽게 이해할 수 있을 것이다.

---

59) 서원조(書院造, 서원풍 건축양식)
고대의 신덴츠쿠리(寢殿造, 침전조)를 원형으로 하여 카마쿠라, 무로마치시대를 거쳐 모모야마 시대에 완성된 주택형식의 일종이다. 일본풍 주택의 한 형식으로서 오늘날에도 영향을 미치고 있다. 특징으로는 ① 각 방의 바닥 전면에 다다미를 깜, ② 사각기둥 사용, ③ 기둥과 기둥 사이에 미닫이(障子), 삼목널빤지로 만든 문(杉戸), 맹장지, 무랑호(舞良戸), 덧문 등의 창호 설치, ④ 내부에는 도코노마(일본식 방의 상좌에 바닥을 한층 높게 만든 곳), 치가이다나(두 개의 판자를 아래위로 어긋나게 매어 단 선반), 부서원(付書院)을 설치한 것 등을 들 수 있다.

서원조

1 앉는 방향

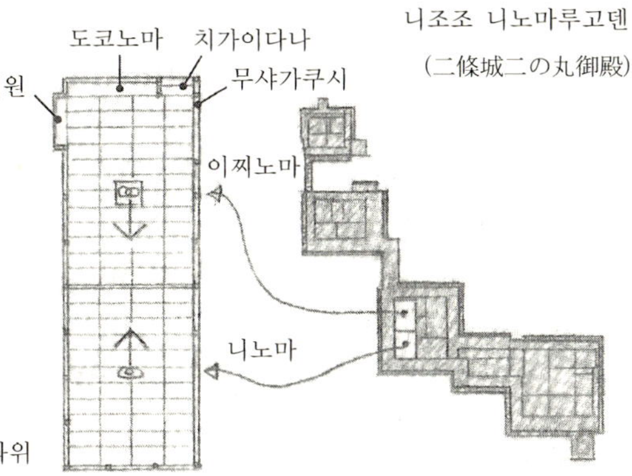

2 보는 방향

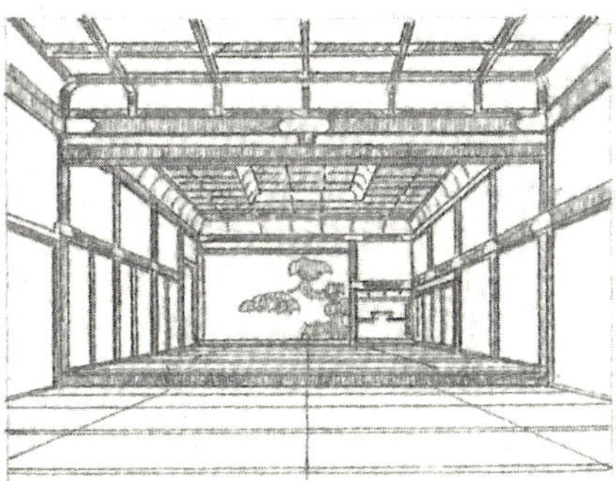

정면회화성
(1점투시도법)

3 디테일

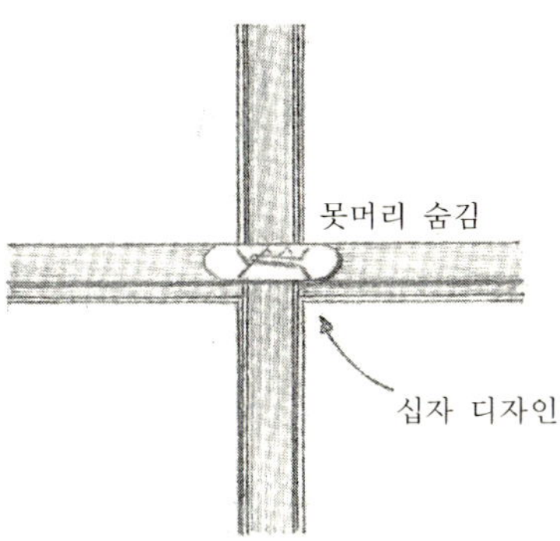

이 같은 내부공간의 특징은 '투시도'를 이용하면 잘 알 수 있다. 시점을 아래에서 위로 두고 보면 격식과 위엄을 갖춘 인테리어 공간이 돋보인다. 그 특징을 '정면회화성'이라고 이름 짓겠다. '1점투시도법'으로 도코노마, 치가이다나, 부서원 등을 그리면 서원조의 모습이 드러난다.

주종관계에 있는 사람이 함께 모일 때에는 '대면'이라는 언어로 표현되는 것처럼 하나의 축선상에서 마주보고 앉게 된다. 교토의 니조조 니노마루고텐(二條城 二の丸御殿)[60]의 대서원에는 에도 말기 대정봉환(大政奉還)되었을 때의 모습을 인형으로 그대로 재현하고 있다. 장군이 다이묘(大名, 에도시대에 봉록이 1만석 이상인 막부 직속의 무사)들과 대면할 때 다이묘들의 정렬위치, 즉 어떤 식으로 앉았는지를 잘 알 수 있다.

서원조는 대면하는 장소를 권위 있게 하기 위해 디테일한 약속사항을 정해 놓았다. 주된 것을 들어보면, 기둥이나 바닥 기둥은 사각기둥을 사용하고 도코가마치(다다미나 마룻장의 앞 끝을 가리기 위해 앞쪽에 가로질러 대는 나무)에는 칠을 했으며, 가모이(鴨居, 윗미닫이틀)에는 중장지(長押)를 설치하고, 천장은 격천장으로, 기둥과 중장지가 만나는 점에는 못 머리를 감추기 위한 장식물(釘隱) 등을 사용했다. 이러한 약속사항은 그 치수까지 자세하게 정해져 있었는데, 당시의 건축서인 《쇼우묘우(匠明)》[61]를 보면 알 수 있다.

---

60) 니조조 니노마루고텐(二條城 二の丸御殿)
1602년에 도쿠가와 이에야스(德川家康)에 의해 교토 二條堀川의 땅에 지은 성곽. 고미즈오(後水尾) 천황의 행차를 맞이하기 위해 大廣間, 白書院, 黑書院, 遠侍 외에 지금은 없는 行幸御殿, 天守 등이 지어졌다. 니노마루고텐은 현존하는 근세 주택으로는 유일하게 남아 있는 것이다.

61) 쇼우묘우(匠明)
일본에도 '건축서'라 불릴 만한 책이 모모야마 시대에 있었다. 건축물 각부의 비례를 '기와리(나무마름질)'라고 하고, 이를 위한 치수결정법이 자세히 적혀 있다. 門記集, 社記集, 塔記集, 堂記集, 殿屋集의 5권으로 구성되어 있으며, 에도 막부 大棟梁의 가문이었던 헤이노우치게(平內家)에 전해지는 유서깊은 것이다. 太田博太朗 감수, 伊藤要太朗 교정, 가고시마출판회, 1971년 복각판.

허물어뜨림으로 발상

_다실(茶室)

'서원조(書院造)'는 쉽게 말해서 정치적 행사가 행해지는 '바깥 장소'로서의 역할을 했다. 그와 대조적으로 또 하나의 공간이 마련되었는데 바로 '안 장소'로서의 역할을 하는 '다실'이다. '바깥 장소'에서는 표면적인 이야기만 하고, 자리를 옮겨 '안 장소'에서 '본심'을 나누었는데, 이는 오늘날에도 그리 낯설지 않은 모습이다.

바깥 장소에서는 카미시모(에도시대 무사들의 예복차림)를 차려입고 사회적인 '지위적 서열'을 지켜가며 얘기를 나누기 때문에 이런 자리에서는 본심, 즉 속에 있는 이야기가 나오지 않는다. 그래서 카미시모를 벗고 평상복 차림으로 바꿔 입은 후 같은 인간으로서 본심을 이야기하는 다른 장소가 마련된 것이다. 그렇다고 서원과 다실이 전혀 관계없는 것은 아니며 서로 대조적이긴 하지만 나름대로의 사회적 기능을 맡고 있었음을 알 수 있다.

다실에서의 '앉는 방식'은 정주(亭主)와 손님이 서로 몸의 축을 비스듬히 교차시켜서 앉는다. 서원조 양식에서는 1개 축선상에서 마주보고 앉는 '대면' 방식인데 반해, 다실에서는 앉는 방식에 '허물어뜨림' 수법이 적용되었다. 즉 지위가 높은 사람이 다기를 들고 손님을 대접할 때에도 손님에게 옆구리를 보이며(틈을 보이며) 앉았는데, 이는 서로 지위나 편을 생각하지 말고 인간적인 신뢰관계를 만드는 것이다.

오늘날에도 '대면' 좌위와 '교차' 좌위는 장소에 따라 다르게 볼 수 있다. 예를 들어 사무실에서 한 조직과 다른 조직의 교섭이 진행되는 경우는 보통 낮이며, '회의실'에서 이루어진다. 이때의 좌식은 책상을 사이에 두고 상대방의 얼굴을 정면으로 보며 대면하게 된다. 반면에, 밤이 되어 술집 등으로 자리를 옮기면 서로 인간적임을 확인하면서 다음 번 프로젝트는 공동으로 하자는 등의 협의까지도 이루게 된다.

서원조 양식이 '정면회화성(正面繪畫性)'으로 디자인되었다면 다실은 어떨까? 필자는 다실에서 어떻게 앉고 어떻게 차를 마시는지 알고 싶어서 몇 년 전 한 다도 선생 댁을 찾아간 적이 있다. 어떤 다실에서나 앞자리에 앉는 정주와 손님자리에 앉는 손님의 시선은 거의 만나지 않는다. 즉 정면을 보게 될 일이 없다. 앉아 있는 손님의 시선은 고정되어 있지 않으며 자리에 앉고 나서 잘 보면 벽과 벽이 만나는 구석을 향하기도 한다. 따라서 이를 '구석회화성(入隅繪畫性)'이라고 이름 짓겠다.

다실(茶室)

1 **앉는 방향**

교차좌위

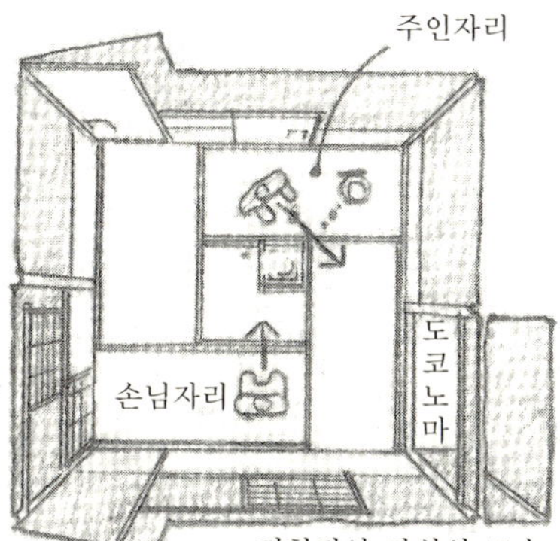

전형적인 다실의 모습

2 **보는 방향**

구석회화성
(2점투시도법)

3 **디테일**

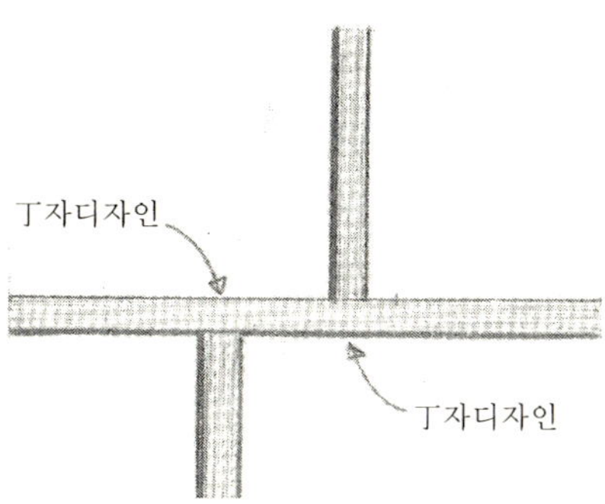

다실에서는 손님자리의 위치 설정에 따라 보이는 모습이 도코노마인 경우도 있고, 중간기둥(中柱), 작은 출입구, 시중드는 사람이 통행하는 문(給仕口), 귀인출입구(貴人口), 미닫이(障子)인 경우도 있다. 서원조에서처럼 항상 정면에 도코노마가 보이는 것은 아니다. 특히 초암다실(草庵茶室)에서는 시점을 정하는 과정에서 창의적 디자인을 발견하는 즐거움이 있다. 다실의 보는 방향은 서원조의 1점투시도법과 달리 2점투시도법으로 구석을 그리면 그 공간적 특징을 나타낼 수 있다.

다실의 디테일을 보면 서원조는 '각재'를 주로 사용하는데 반해 다실에서는 각재가 아닌 '통나무(자연재)'를 사용하는 경우가 많아 재료 사용법에도 '허물어뜨림' 수법이 적용되었다. 예를 들면 바닥기둥에는 각재가 아닌 표면을 다듬은 통나무를 사용하고, 도코가마치에도 칠을 하지 않고 껍질을 남기고 다듬어 사용했으며, 천장은 격자천장이 아닌 진행초(眞行草)를 사용했다. 그리고 다실에는 중장지(長押)도 사용하지 않고 못머리를 감추기 위한 장식물(釘隱)도 없다.

현대적 관점에서 보면 다실도 나름대로의 약속사항이 있는 것처럼 보이지만 당시 봉건사회의 기초가 구축되던 정치적 배경을 떠올리면 다실에는 서원조와 같은 격식을 갖춘 약속사항이 아닌, 오히려 그런 것을 허물어뜨리는 수법으로 자유롭게 창의를 발휘하는데 주력했음을 알 수 있다.

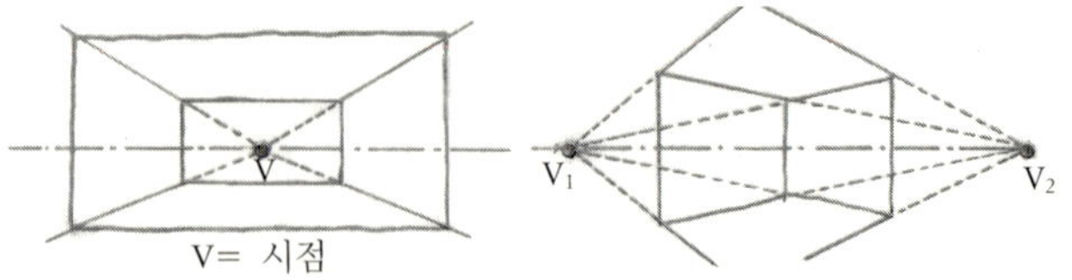

1점투시도법 2점투시도법

현대에는 봉건제가 부정되고 있기 때문에 서원조 양식은 시대극 세트에서나 만들어질 뿐이다. 반면에 다실은 현대에도 '살아있는 공간'으로 만들어지고 있으며, 작법(作法)도 가문 대대로 전해지고 있다. 그 배경에는 다실이 생겨난 이후 그 공간에 들어가면 인간적인 휴머니즘이 근저에 있었기 때문이라고 생각된다.

_디테일

현대 건물에서 '서원처럼' 또는 '다실처럼' 디자인하려면 어떻게 해야 하는지 그 테크닉을 살펴보고자 한다. 간단히 말하자면 '십(十)자 디자인'과 '정(丁)자 디자인'의 차이로 나타낼 수 있다.

서원조 양식의 건물은 니조조 니노마루고텐을 보면 알 수 있듯이, 꽤 큰 규모로 빌딩 하나에 필적할 만큼 장대한 건물이다. 굵은 각재는 겹침지붕의 하중을 땅으로 전달하는 역할을 하고 있다. 그 외에 예상치 못한 것이 중장지(長押)의 역학적 역할이다. 단순한 장식이 아닌 지진시의 수평력을 맡고 있다. 중장지의 단면을 보면 기둥을 반으로 나눈 것에 가까운 두꺼운 재료가 사용되고 있다. 중장지와 기둥의 교차부에 있는 못도 실제로 기둥과 중장지를 역학적으로 고정시키는 역할을 하고 있다. 못머리를 감추고 있는 것이 '釘隱'이었다. 이처럼 '기둥과 중장지'가 교차하는 모습을 '십(十)자 디자인'이라고 이름 지었다.

서원조 양식의 이러한 특징과는 대조적으로, 다실은 '정(丁)자 디자인'으로 된 것이 특징이다. 네 장 반 이하의 다다미가 깔리는 좁은 규모의 초암서원을 가보면 정말로 손바닥에 올려놓을 수 있을 것처럼 작은 공간이기 때문에 역학적으로 중장지가 필요하지 않다. 다실에서는 기둥에 대해 윗미닫이틀(鴨居)이 낀 것처럼 보이는 미닫이틀에 대해 도아타리(戸當たり, 문을 열거나 닫을 때 멈추도록 테두리나 끝부분에 덧댄 쇠장식)가 낀 것처럼 보이는, 또는 도아타리에 대해서 창의 창틀이 낀 것처럼 보이는 '정(丁)자 디자인'을 곳곳에서 발견할 수 있다 '츠노가라[角柄, 문(창)틀에서 틀의 끝부분이 틀 밖으로 나간 부분 또는 그런 문(창)틀]'도 정(丁)자 디자인의 일종이라고 생각할 수 있을 것이다.

다실의 디자인 기법을 배우기 위해서는 가능한 한 다실을 많이 돌아다녀 봐야 한다. 특히 '구석회화성'의 특징을 파악하려면 대강 훑어보는 정도로 봐

디테일의 차이

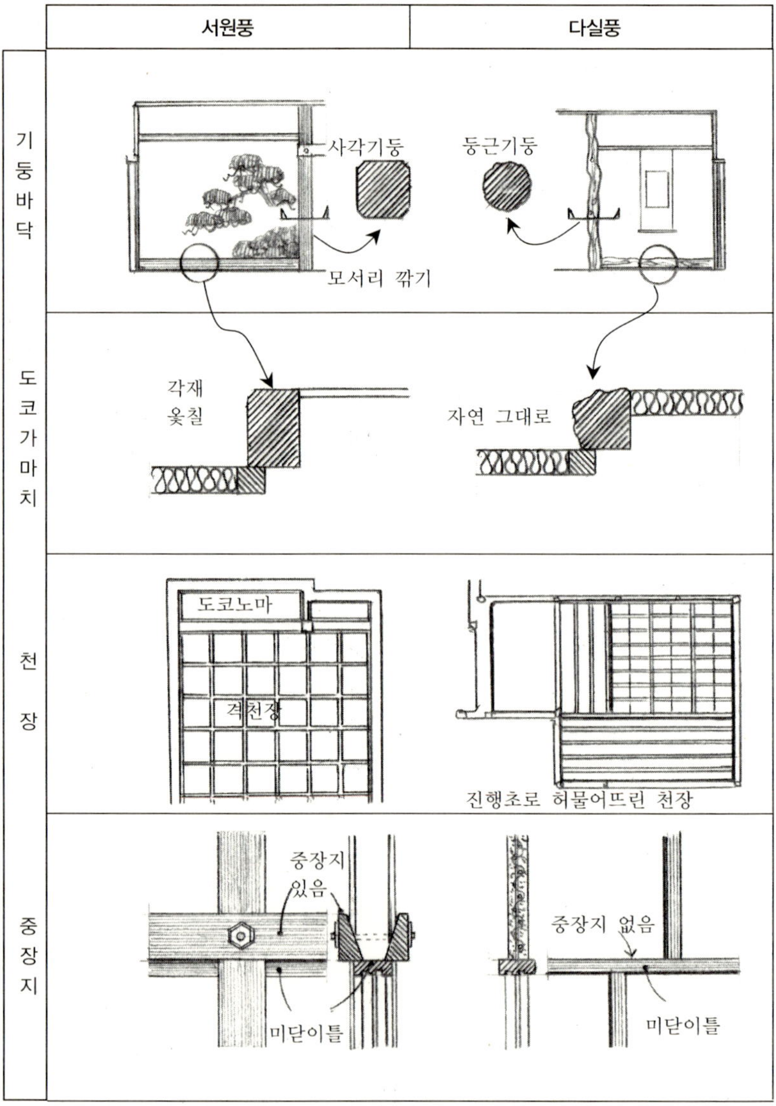
서원풍
다실풍
기둥바닥
사각기둥
둥근기둥
모서리 깎기
도코가마치
각재
옻칠
자연 그대로
천장
도코노마
격천장
진행초로 허물어뜨린 천장
중장지
중장지
있음
중장지 없음
미닫이틀
미닫이틀

서는 안 되며, 사진으로만 봐서도 안 된다. 가급적 실물을 많이 봐서 조합의 다양성을 배운다. 기회가 되면 체험을 해두는 것이 좋은데, 당장은 도움이 되지 않더라도 남은 이미지 기억이 언젠가 꼭 도움이 될 것이다.

다실의 참고 예로서 현재 국보로 남아 있는 것으로는 다이안(待庵)[62](센노리큐, 千利休), 죠안(如庵)[63](오다 우라쿠사이, 織田有樂斎), 미딴(密庵)[64](고보리 엔슈, 小堀遠州)의 세 가지를 들 수 있다. 일본 각지에는 수많은 다실이 있는데, 2003년 현재 국보로 지정되어 있는 다실은 이 세 가지이다.

'츠노'의 디자인

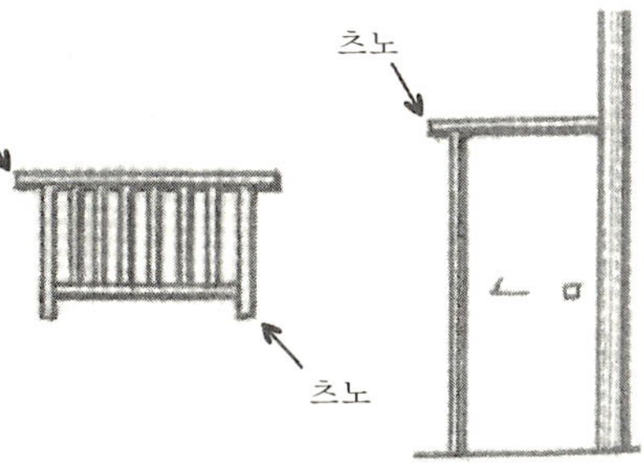

62) 다이안(待庵)
교토 다이야마자키(大山崎)의 묘키안(妙喜庵)에 지은 다실. 절은 야마자키 소오칸(山崎宗鑑)이 건립. 나중에 센노리큐에 의해 이첩(二疊) 다실이 만들어지고 리큐의 다실로는 현존하는 유일한 것이다.

63) 죠안(如庵)
교토의 겐닌지(建仁寺)에 지은 오다 우라쿠사이(織田有樂斎)의 다실. 현재는 이누야마시(犬山市)로 이축되었다. 팔작집(入母屋造り), 비늘이엉, 니죠한다이메(二疊半臺目), 중간기둥, 도코와키(床脇, 도코노마의 한옆)에 삼각형지판, 대나무를 채워 만든 창, 불아궁이를 만든 소데가베(袖壁, 건물 바깥으로 돌출된 벽), 고력(古暦)을 사용한 고시바리(腰張, 벽이나 장지 등의 아래쪽을 종이나 판자로 댄 것)가 특징적이다

64) 미딴(密庵)
교토 다이토쿠지(大德寺) 류코인(竜光院) 내에 있으며 고보리엔슈(小堀遠州) 작품으로 전해지고 있다. 요조한다이메(四疊半臺目), 중간기둥(中柱), 다이메(臺目)구성, 혼가테(本勝手), 다이메조(臺目疊)의 위는 오토시(落し)천장으로 되어 있고, 요조한(四疊半) 위는 반자틀천장, 허리높이의 미닫이 모서리와 띠장은 슌케이누리(春慶塗, 붉게 애벌칠을 한 다음 그 위에 투명한 옻칠을 해서 나뭇결이 보이게 마무리하는 방법), 삼나무의 쵸오나(手斧, 목재를 건목칠 때 쓰는 큰 자귀) 자국이 있는 중간기둥, 흑칠을 한 도코가마치, 치가이다나가 있다. 서원조 양식에서 볼 수 있는 중장지도 있다.

세 개의 국보다실

1 다이안(待庵)

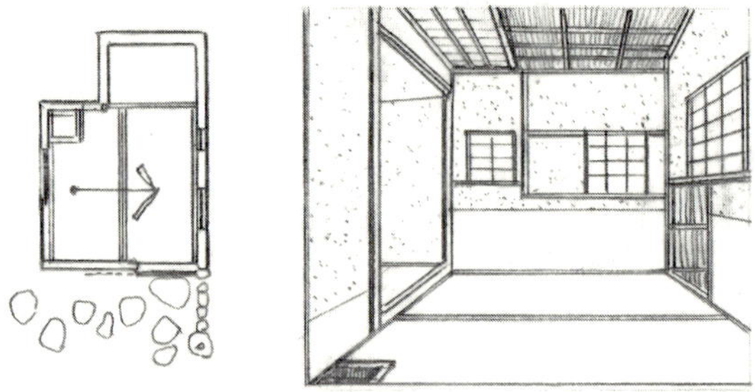

2 죠안(如庵)

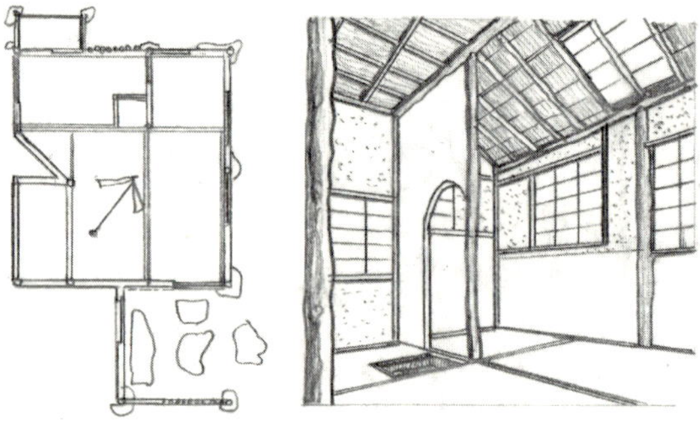

3 미딴(密庵)

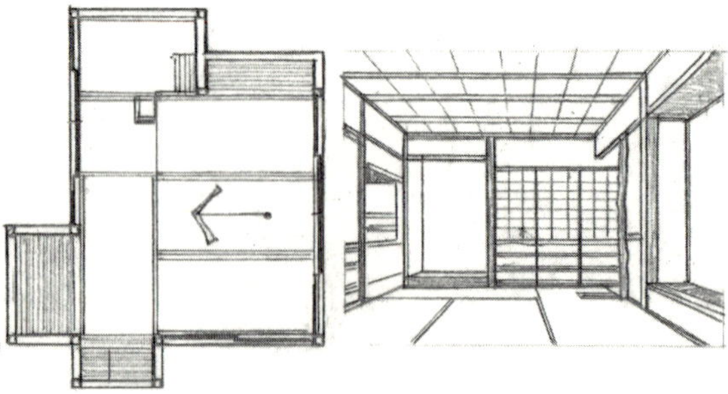

모방으로 발상

_스키야조(數寄屋造, 스키야츠쿠리)

지금까지는 '약속사항'에 따라 격식대로 만드는 서원조(書院造)와 그 약속사항을 허물어뜨리는 수법으로 만드는 다실(茶室)에 관해 알아보았다. 이제 스키야조에 관한 이야기를 해보려고 한다.

스키야조는 다양한 요소가 결합되어 있기 때문에 그 특징을 한마디로 어떻다고 얘기할 수 없는데, '서원조'와 '다실'의 요소를 모두 갖춘 것이라고 생각하면 이해하기 쉬울 것이다. 경장(慶長)연간이 끝나고 막부체제가 정리되는 동안 생긴 서원조와 다실의 각 장점을 일상생활에 적합한 형태로 도입하는 과정을 필자는 '모방'이라고 표현하겠다.

서원조와 다실은 원래 무사들이 심각하고 절실한 정치적 문제를 해결하기 위해 '밖과 안'의 두 가지 형태의 장소로서 동시에 필요했던 공간이었다.

그 후 에도시대가 되어 세상이 안정되자, '신분의 상하관계 유지'와 '서로 같은 인간'이라는 모순을 상용하면서 무사나 귀족이나 승려나 보통 사람이나 일상생활공간에 서원조와 다실의 각 장점을 도입한 것이 점차 스키야조로 정리된 것이라 본다.하지만 서원조와 다실의 어느 부분을 어떻게 모방하느냐에 따라 다양한 모습으로 나타난다.

'서원풍'이 더 많이 느껴지는 스키야조(가츠라리큐(桂利宮)[65]의 나카쇼인 이치노마)가 있는가 하면, '다실풍'이 더 많이 느껴지는 스키야조(니시혼간지(西本願寺)[66]의 구로쇼인 이치노마)도 있었다. 여기서 제시한 두 가지 예는 방 전체적으로 보면 그런 분위기가 나타나지만 가까이 가서 디테일을 잘 보면 전자에는 중장지(長押)가 없고 후자에는 중장지가 있으며, 세부적인 분위기도 반대되어 있음을 알 수 있다. 전체적으로 모두 엄격한 듯하면서도 아담한 느낌을 주는 묘한 매력을 나타낸다.

앞에서 현대사회의 '대면좌위'와 '교차좌위'에 대해 잠시 언급했는데, 그 내용에 이어서 좀더 얘기해보겠다. 교섭이 성립되어 계약이 끝나고 나면 이를 축하하기 위해 격식 있는 요정에서 술자리를 갖게 된다. 요정은 대부분 스키야조로 지어져 있다. 현대에는 봉건적인 신분제도가 폐지되어 있기 때문에 사람과 사람 사이에는 어떠한 상하관계도 없다. 하지만 스키야조로 된 인테리어 공간에서는 접대 받는 측이 '상좌(上座)'에 앉고 접대하는 자는 '하좌(下座)'에 앉는 관습이 있다. 이때 상좌의 기준이 되는 것이 '도코노마(床の間)'이다. 도코노마를 등지고 앉는 곳이 상좌가 된다.

연회가 시작될 때에는 '대면좌위'로 서열을 지키며 앉지만 술이 들어가고 분위기가 무르익으면 점점 자리 개념이 없어져 여기저기서 '교차좌위'로 앉게 되며 서로 인간적임을 확인하면서 친분이 두터워지게 된다.

---

65) 가츠라리큐(桂利宮)
교토 가츠라가와(桂川) 근처에 여덟 조의 궁 별장으로 지어진 것이다. 최초의 조영은 1620년경. 고서원(古書院), 중서원(中書院), 신어전(新御殿)의 의장이 각각 다르며 고서원은 단정한 서원조, 중서원은 면피(面皮)를 이용한 스키야조로 되어 있다. 신어전은 선반, 서원, 낙괘(落掛), 난간, 중장지(長押)를 비롯해 정은(釘隱, 못머리를 숨기기 위한 장식물), 맹장지의 문고리에 이르기까지 기교를 부린 경묘한 스키야풍으로 되어 있다.

66) 니시혼간지(西本願寺)
교토의 시모교구(下京區)에 토요토미 히데요시(豊臣秀吉)에 의해 지어진 혼간지(本願寺)는 불타 없어지고, 현재 남아있는 구로쇼인(黑書院)은 1657년에 준공되었다. 이치노마(一の間)와 니노마(二の間)로 구성되며, 면피성(面皮性), 면피가 붙은 도연(棹緣) 등을 사용하고, 치가이다나와 난간에는 정교한 투영을 넣어 서원조의 기품을 유지하면서 스키야풍의 산뜻한 수법이 가미되어 있다.

현대의 스키야조는 대면좌위와 교차좌위 모두에 의한 '혼합좌위'가 가능하게 하는 것이 핵심이다. 정면이 되는 곳에 먼저 도코노마를 둔다. 도코노마를 등지게 앉는 상좌와 그 외의 하좌부분을 상정하여 평면을 정한다. 주객의 위치에서 정원이 가장 아름답게 보이도록 '정면회화성'과 구석회화성'을 도입하여 시각공간을 디자인한다. 디테일에 대해서는 한 공간 내에서 '십(十)자와 정(丁)자' 디자인을 나누어 사용하면 깊이 있는 공간이 된다. 하지만 '모방'에 의한 디자인은 다실과 마찬가지로 많은 경험이 필요하다. 기회가 되면 에도시대의 스키야조가 어떤 모습인지 직접 가서 보면 많은 도움이 될 것이다.

일본풍 디자인은 현대에도 필요로 하고 있다. 그 중에서도 가장 최신의 일본풍이 필요하다. 그런 경우 안이하게 최근의 것을 흉내 내려 하지 말고 그 원류가 무엇인지 거슬러 올라가 보면 좋은 아이디어가 떠오를 것이다.

스키야조로 발상한다

서원풍 스키야	다실풍 스키야
● 가츠라리큐 나카쇼인(桂利宮中書院) 평면도 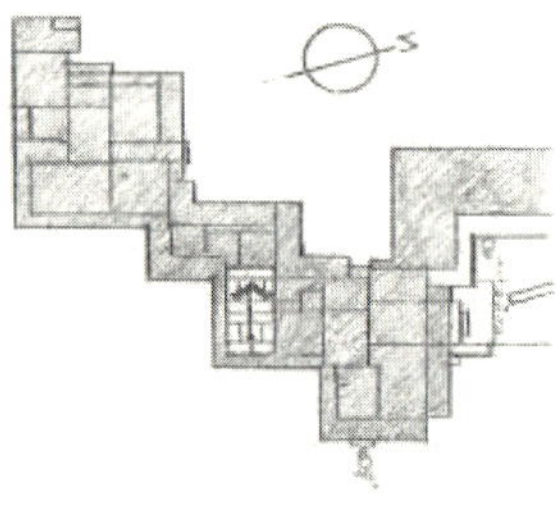	● 니시혼간지 구로쇼인(西本願寺黑書院) 평면도 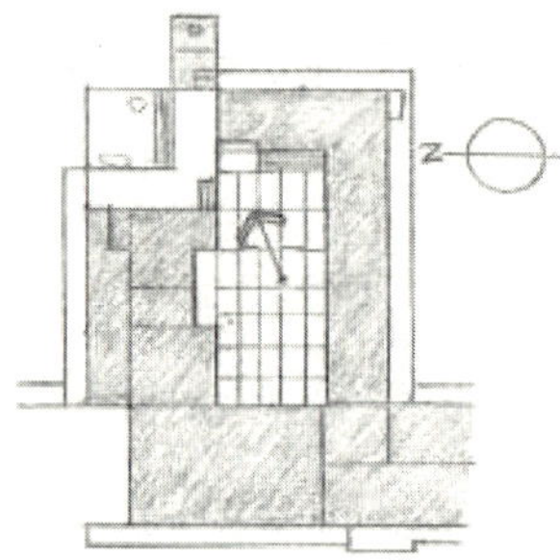
보는 방향(정면회화성) 	보는 방향(구석회화성) 
디테일[정(丁)자 디자인] 디테일은 다실풍으로 되어 있다. 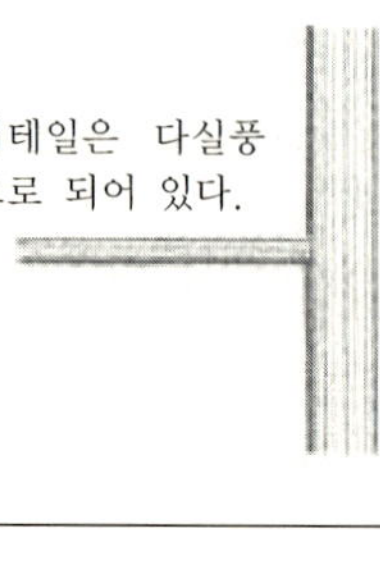	디테일[십(十)자 디자인] 디테일은 서원풍으로 되어있다. 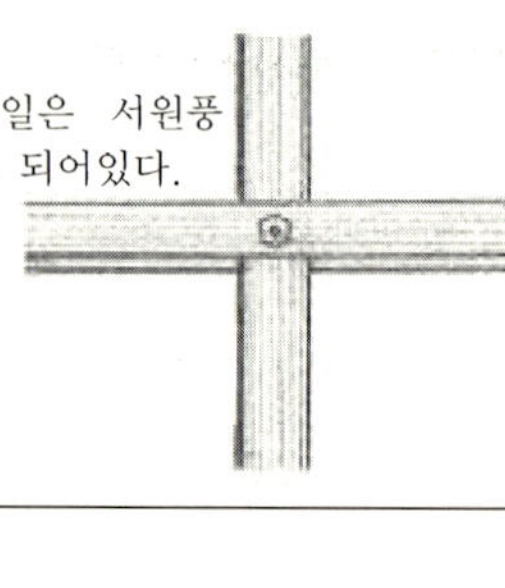

4 기하학으로 발상하기

순수한 기하형체

심상치 않은 무엇.

여기서 말하는 '기하형체geometrical form'란 기하학적인 형태면 뭐든 되는 것이 아니라, 그 중에서도 엄선된 것을 의미한다. 평면으로는 '정사각형'과 '원', 입체로는 '육면체'와 '구', 우선 이들 네 가지의 '순수한 기하형체'를 들어보겠다. 그 외에 '황금비[67]직사각형'도 필요에 따라 언급할 것이다.

'기하학으로 발상하기'는 '순수한 기하형체는 아름답다'는 것을 전제하에 두어야 하며, 이를 인정하지 않으면 디자인을 시작할 수 없다. '아름답다'는 말이 다분히 심리적이긴 하지만 그것이 출발점이 되지 않으면 이후에 계속해서 아름다움을 더하거나 뺐을 때 '아름다움은 변하지 않는다'는 미학이 성립되지 않기 때문이다. '아름답다'는 표현이 애매하여 싫다면 '심상치 않은 무엇을 느낀다'는 말로 바꿔도 좋을 것이다.

그리고 이들 형태를 선택한 이상 그 순수한 '형태의 아름다움'을 마지막까지 지키면서 더하거나 빼나가는 확고한 태도가 중요하다.

67) 황금비
유클리드의 '황금비golden ratio' 만드는 법은 우선 ab와 bc가 2:1이 되는 직각삼각형을 만든다. c를 중심으로 cb의 반지름 원을 그려 d를 구하고, a를 중심으로 ad를 반지름으로 하여 ø를 구한다. aø : øb가 '1.618:1'이 되며, 이를 황금비라고 부른다.
柳亮 저《황금분할-피라미드에서 르 코르뷔지에까지》

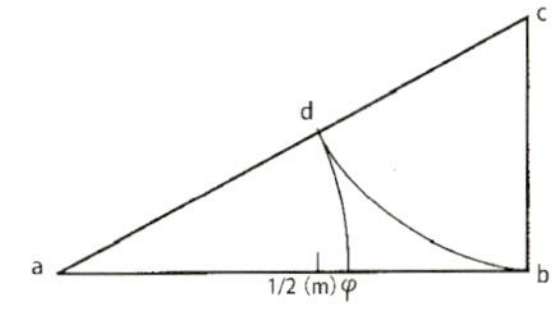

이 같은 순수한 기하형체에 '아름다움' 또는 '심상치 않은 무엇'을 느껴 그것을 건물의 형태에 적용하기 위해 건축디자인에 조합시킨 예는 역사적으로도 몇 가지를 들 수 있다. 여기서는 르네상스 건축가가 이제까지 없던 '새로운 형태의 크리스트 교회당'을 만들기 위해 조합한 예가 있어서 이를 소개하려고 한다.

역사학자인 비트코우어[68]는 그의 저서 《휴머니즘건축의 원류》[69]에서 르네상스는 중세의 암흑시대를 벗어나 인간성 회복을 추구하고자 한 것임에도 불구하고 실제로는 그렇지 않으며 오히려 중세보다 크리스트교의 신성 회복을 더욱 지향했다고 말하고 있다.

그 증거로 르네상스의 건축가들은 '집중식 플랜centralized plan' 을 주목하여 교회당 플랜을 고려할 때 이를 즐겨 사용했다는 것이다.

다시 말해서 르네상스의 건축가는 순수한 기하형체, 즉 절대적으로 완전한 형태라 할 수 있는 '원'의 중심에 '신이 있다'고 생각했다는 것이다. 예를 들어 알베르티는 신에게 바치기 위한 신성한 플랜의 형태로서 원을 포함한 9개의 '순수한 기하형체'의 교회당 플랜을 남겼다(다음 페이지 그림 참조). 현대적 관점에서 봐도 원형을 이루고 있는 순수한 기하형체를 흩뜨리지 않고 잘 살린 건축디자인이다.

---

68) 비트코우어(Wittkower, Rudolf)
1901~. 독일 출생. 베를린 대학에서 미술사를 공부하고 이후 영국으로 건너가 런던대학에서 교수로 역임. 르네상스, 매너리즘, 바로크에 관한 연구가 많으며 주요 저서로는 《휴머니즘 건축의 원류(Architectural principles in the Age of Humanism)》 가 있다.

69) 《휴머니즘 건축의 원류(Architectural principles in the Age of Humanism)》
비트코우어의 저서, 르네상스시대의 건축원리에 대해 쓴 책. ① 집중식 교회와 르네상스, ② 알베르티의 고대건축연구태도, ③ 팔라디오의 건축원리, ④ 건축에서의 조화비례에 관한 문제로 구성되어 있다. 기하형체를 꼭 사용하고자 하는 디자이너라면 꼭 한 번 읽어 볼 필요가 있다.

순수한 기하형체

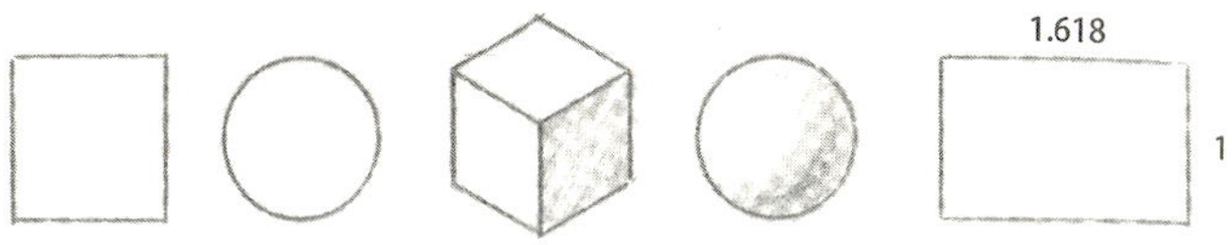

정사각형 원 육면체 구 황금비 정사각형

알베르티의 9가지의 교회당 플랜

더하기와 빼기로 발상

_수학의 논리

'각각의 형태'가 아름다우면 이를 더하거나 빼도 결과적으로 아름다운 형태가 완성된다는 수학적 논리에 따라 디자인하는 것이, 여기서 말하는 '기하학으로 발상하기'이다.

참고 예로 르네상스의 최고 걸작이라 일컬어지는 성 피에트로 사원[70]을 들어 설명하겠다. 이 장대한 건물은 한 건축가가 혼자서 완성시킨 것이 아니라, 여러 명의 저명한 건축가가 참여하여 이루어냈다. 그 증축과정에서 아름다움을 잃지 않고 더하기나 빼기를 하려면 어떻게 해야 하는지를 배울 수 있다.

① 원안은 '원의 중심에 신이 있다'는 이념이 그대로 공간화 되어 있다. 그리스 십자형을 기본으로 정사각형과 원이 더 이상 호화로운 공간은 없다고 말할 수 있을 정도로 '더하기와 빼기'가 복잡하게 이루어졌다(브라만테 설계).

② 원안을 기초로 하여 '현관 포치'가 더해졌다(미켈란젤로 설계). 신이 있는 장소에 대해서 그에 가까워져 가는 인간을 고려해야 한다. 평면도에서 보면 맨 처음 십자형의 한 각이 무너져 있지만 신이 있는 중심은 유지되어 있다.

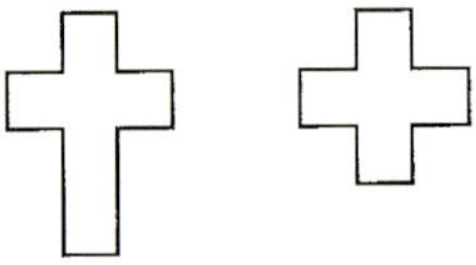

라틴십자　　그리스십자

70) 성 피에트로 사원(S. Pietro)
성 피에트로가 순교한 곳에 지은 가톨릭교회의 총본산. 브라만테의 원안을 기초로 여러 차례의 증개축이 이루어져 현재의 모습이 되었다. 돔의 안지름 42미터, 지반면에서 십자가의 꼭대기까지 138미터에 이르는 거대한 건축이다

더하기와 빼기로 발상한다

1 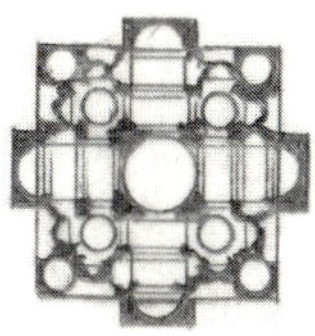

1506년 브라만테 설계

2 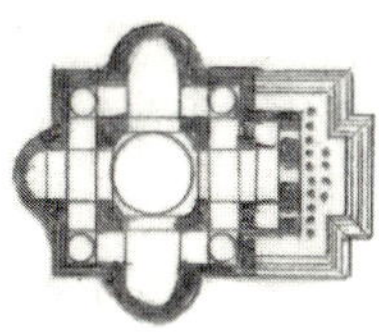

1546년 미켈란젤로 설계

3 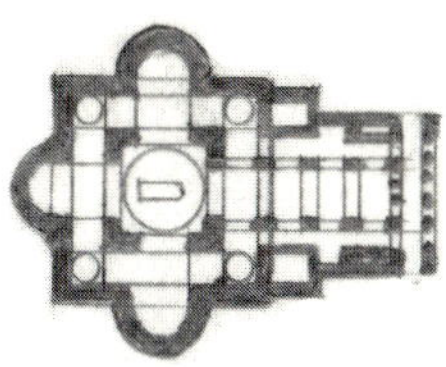

1614년 마데르나 설계

4 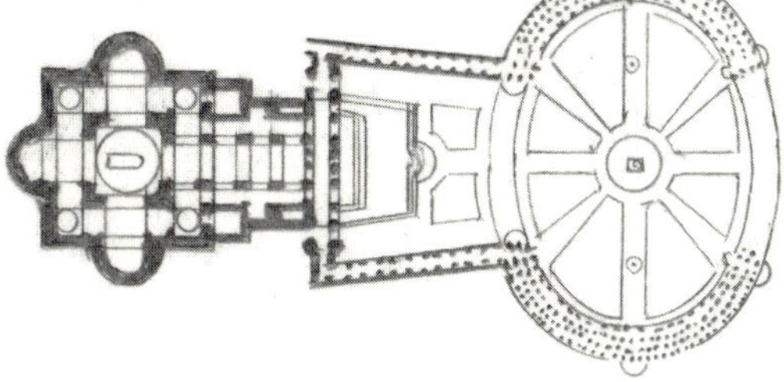

1650년 벨리니 설계

5 

20세기에 참도 완성

③ 신자들이 신과 같은 지붕 아래에서 기도하길 원하여 '신랑(神廊)'과 측랑(側廊)'이 더해졌다(마데르나[71]설계). 이 단계에서 전통적인 라틴십자형 평면과 유사한 형태가 되었는데, '원의 중심에 신이 있다'는 원리가 숨겨져 있는 그리스 십자형 평면이 여기서는 출발점이 되고 있다. ④ 대형(臺形)과 타원으로 이루어진 '콜로네이드 부속광장'은 교회 바깥에서 기도하는 신자를 위해 더해졌다(벨리니[72]설계). ⑤ 광장에서 테베레 강까지 똑바로 이어지는 '참도'가 20세기에 더해졌다. 이것으로 끝이다.

원이나 정사각형 등과 같은 순수한 기하형체는 '평면plan'에도 사용되었지만, '입면'elevation에도 사용되었다. 입면은 정면에서 보면 거의 그대로 보이지만 측면은 투시효과에 의해 약간 비뚤어져 보인다. 발밑으로 넓어지는 원과 정사각형 평면에 대해서도 투시효과에 의해 마찬가지로 타원이나 대형(臺形)처럼 보인다.

투시도를 발명한 르네상스 건축가는 이처럼 평면이나 입면이 시각적으로 비뚤어져 보이는 것에 대해 잘 알고 있었다. 또한 순수한 형태가 가지고 있는 '신성한 의미'에 대해서도 잘 이해하고 있었다. 이를 통해 형태가 다소 비뚤어져 보이더라도 그 형태가 지니는 의미를 우선해서 고려했음을 알 수 있을 것이다.

71) 마데르나(Maderna, Carlo)
1556~1629. 이탈리아의 초기 바로크 건축가. 성 피에트로 사원의 건축 주임이 되어 장대한 전랑과 파사드를 증설했다.

72) 벨리니(Bernini, Giovanni Lorenzo
1598~1680. 이탈리아 바로크기의 최대 건축가이자 조각가. 나폴리 출생. 1604년에 로마로 가 성 피에트로 사원의 건축주임이 되었으며 조각상, 성당, 궁전, 분수 등에 다채로운 재능을 나타냈다. 그의 명성은 전유럽으로 퍼져 1665년에는 프랑스 루이 14세의 부름을 받아 루브르궁의 동측 파사드를 디자인하게 되었다.

_칸의 방법

이제부터는 근대주의가 막을 내릴 무렵에 출현한 건축가 칸[73]의 작품 두 가지를 소개하려고 한다. '더하기'의 예인 리차드 의학연구소[74]와, '빼기'의 예인 폴 멜론 영국미술관[75]이다.

성 피에트로 사원은 고전주의 양식과 복잡한 장식으로 치장되어 있어 그 밑에 '순수한 기하형체'가 숨겨져 있음을 알지 못할 수도 있다. 하지만 칸의 작품에는 그러한 장식적 요소가 없기 때문에 '더하기와 빼기'로 디자인하는 것에 대해 쉽게 이해할 수 있을 것이다.

여기서 주의해서 볼 것은 처음에 설명했던 것처럼 순수한 기하형체를 선택한 이상조건이 어떻게 변하든 마지막까지 그 순수한 기하형체의 아름다움을 잃지 않고 디자인한다는 확고한 태도이다.

순수한 기하형체로 건축디자인을 하는 경우 어려운 점은 동선의 처리이다. 성 피에트로 사원은 형태적으로 좌우대칭을 이루며, 똑바른 축선에 대해 똑바른 동선이 잘 일치되어 있다.

그러나 근대에 이르러 나타난 기능주의 건물을 보면 사람이 이동하기 위한 동선과 구조물인 건물의 축선이 일치되지 않는 경우가 많아졌다. 용도가 복잡해지면서 복도나 계단이 오른쪽이나 왼쪽으로 치우쳐져 복잡해진 것이다.

---

73) 칸(Kahn, Louis)
1901~1973. 에스토니아 출생. 1905년에 미국으로 건너가 펜실베이니아 대학을 졸업. 작품은 1960년대로 집중되어 있지만 1940년대부터 20년 동안 축적된 산물들이다. 대표작으로는 킴벨 미술관 등이 있다.

74) 리차드 의학연구소(A. N. Richards Medical Research Building)
필라델피아의 펜실베이니아대학 구내에 있으며 칸의 이름을 세계에 알리기 시작한 최초의 작품이다. 1964년. 종속적인 기능이던 계단, 환기샤프트, 엘리베이터 등의 서비스 공간을 탑상으로 정리하여 조형상의 주역으로 다룬 점에서 전례 없는 획기적인 건축으로 평가받았다.

75) 폴 멜론 영국미술관(Paul Mellon Center for British Art And British Studies)
예일대학 구내에 있으며 지상층은 상점들이 줄지어 있어 일상생활의 흐름을 차단하고 있다. 미술관 기능은 2층부터 시작되어 위로 올라가며 갤러리와 연구실로 구성되어 있다.

건물의 축선과 동선이 어긋난 예

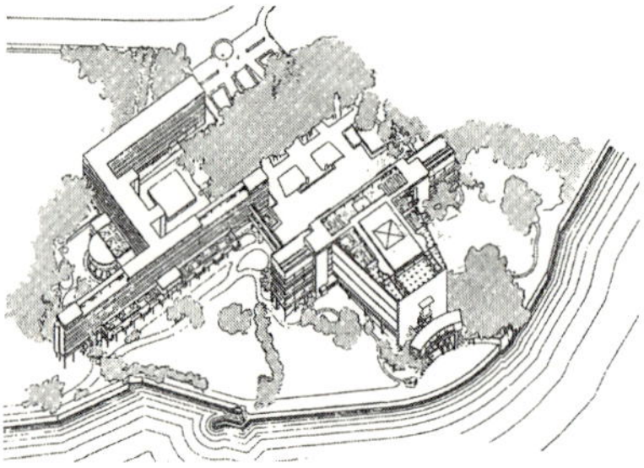

국제연맹 르 코르뷔지에 설계(1927년)

디자인 초기단계에 머리 속에 그렸던 순수한 기하형체가 점차 흐트러지는 경우가 있다. 청자

칸 역시 '동선'과 '형태'에 관한 문제에 대해 초기 작품에서는 고민을 했지만 후기 작품에서는 성공적으로 해결해 나갔다.

그런데 좀 이상한 점이 있다면, 칸의 문장을 읽어보면 기하학에 대해서는 별로 언급되어 있지 않다는 것이다. 오히려 형태가 되기 전에 무엇을 '시작=begin'으로 했는지 진지하게 고려하라는 철학자 같은 태도가 인상적이다. '학교가 그 존재를 명확히 해나가기 시작하는 것은 자신이 선생인 것도 모른 채 나무 아래에서 몇몇 사람들에게 자신의 생각을 이야기하는 사람과 함께 있다'는 유명한 말을 남겼다.

르네상스 건축가는 원의 중심에 '신'이 있다고 믿는 것에서 디자인을 시작했다. 현대에 있어서도 순수한 기하형체로 발상하고자 한다면 무턱대고 형태를 만들어댈 것이 아니라, 거기에 심상치 않은 뭔가를 느끼면서 디자인하는 것이 중요하다고 생각한다.

마지막으로 어떤 것을 아름답다고 느낄 때 뇌 안에서는 두 가지 루트를 거치며, 여기에 도달되는 것이 무엇인지를 설명하겠다(다음 페이지 칼럼 참조). 그 두 가지는 이미지로 들어오는 것과 언어로 들어오는 것을 의미한다.

칸의 방법

1 리차드 의학연구소

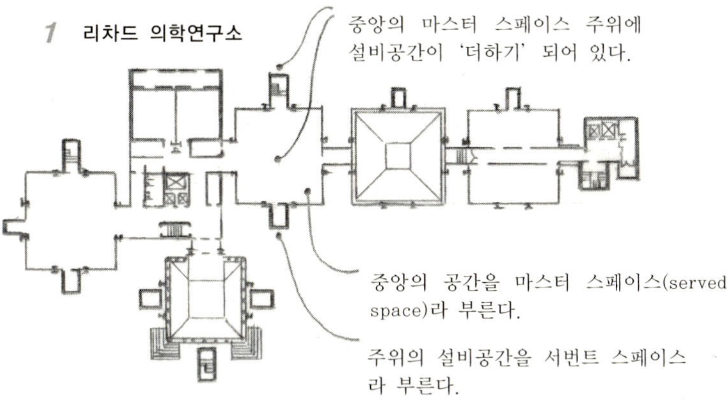

2 폴 멜론 영국미술관

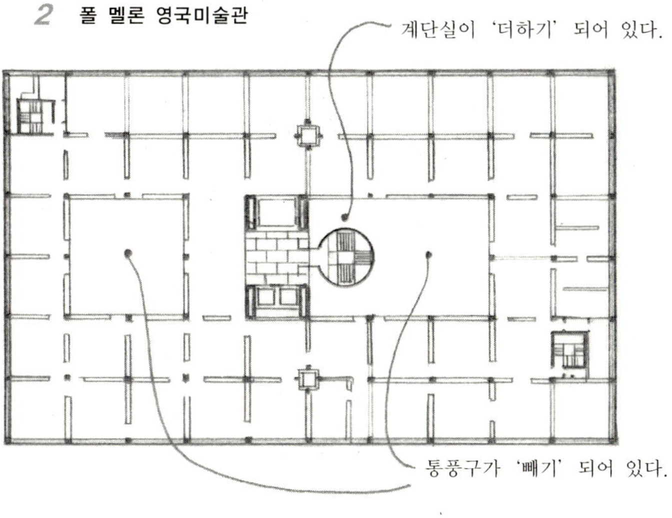

column

[미의식과 미학]

어떤 것을 '아름답다' 고 느낄 때 뇌 안에서는 두 가지 루트를 거쳐 그 느낌에 이른다. 즉 루트를 거치는 방법의 차이에 따라 '미의식' 과 '미학' 으로 구별되어 나타나게 된다.

미의식(beauty consciousness)

형태에 대해, 색에 대해, 맛에 대해, 소리에 대해, 피부촉각에 대해, 즉 자신의 오감과 관련하여 장시간에 걸쳐 축적된 다양한 '이미지량' 에 의해 '아름답다' 고 느끼며, 그 내용이 '언어' 로 나타나는 경우가 있다. 이런 경우 그것에 대해 '미의식' 이 있다고 말할 수 있다. 일본의 다도 예술은 혀, 눈, 손을 통한 여러 느낌이 없으면 어떤 것이 좋은 것인지 알 수 없다. 일본에서는 또한 그 아름다움을 언어로 표현하기보다 일상 행동 속에 이미지 기억으로 나타나는 것을 좋아한다고 한다.

미학(esthetics)

다른 누군가가 어떤 것을 아름답다고 말한 것을 기억하여 다음에 그것에 관해 아름다운지 아닌지를 판단해야 할 때, 그 말이 자신의 판단에 강하게 작용하는 경우가 자주 있다. 예를 들어 '황금비가 아름답다' 고 판단할 때 대부분 이 루트를 거친 것으로 생각할 수 있다. '미학' 은 학문의 한 분야이므로 아름답다고 느낀 것을 일단 언어로 바꾸어 개념화해 두며 그 아름다움의 질에 대해서 여러 논의를 한다. 예를 들면 symmetry(좌우상칭), proportion(비례), frontality(정면성), central axis(중심축) 등의 미학용어로 논할 경우 그 언어에 대한 정의를 미리 알아 두지 않으면 논의에 참여할 수 없다.

어떤 것을 아름답다고 느낄 때 '미의식' 과 '미학' 중 어느 루트를 거치든 상관없다. '기하형체' 에 대해서도 어떤 루트를 거치든 상관없지만 최종적으로 정말 아름답다고 마음으로 느끼는 것이 중요하다.

2 오감으로 발상하기

성 마르코 사원/ 자신의 오감을 통해 느낀 대로 수정해 보면 새로운 발견이....

'오감' 으로 발상하는 방법은 우선 보거나 듣거나 만지거나 하여 경험한 것을 '이미지 기억' 에 저장해 놓는다. 자신의 오감을 통해 들어온 기억은 누구나 알고 있는 일반적인 데이터와 달리 자신만이 알고 있는 '살아있는 데이터' 가 된다. 그 살아있는 데이터를 바탕으로 '자신만의 약속사항' 을 만들어내고, 그 약속사항을 바탕으로 디자인을 시작해 나간다. 따라서 이처럼 오감을 통해 들어온 기억은 개인적 또는 개성적이라 할 수 있는 독창적인 아이디어가 탄생하기 위한 기초가 되는 것이다. 물론 작품이 완성되면 성공적이지만 만일 그렇지 못한 경우는 '약속사항에서 발상하기' 에 비해 훨씬 리스크가 커질 수 있다. 이 방법으로 디자인하기를 원한다면 자신의 감성과 체력을 믿고 마지막까지 포기하지 않는 강인한 의지가 필요하다. 또한 이 방법은 '귀납' 적인 사고방법이 힌트가 된다.

1 사물에서 발상하기

_사물의 형태에서 발상

이미지 기억에 남아 있는 형태

사람은 세상에 태어나면 다양한 '사물'에 둘러싸여 생활하게 된다. 예를 들면 어릴 때 가지고 놀던 장난감, 가족의 얼굴, 고향의 산천, 취미로 모은 기관차 모델 등이 있다. 이처럼 자신과 가까운 '사물의 이미지'는 개개인의 '기억' 속에 깊이 남게 된다.

특히 친숙한 사물은 그 사람에게 있어서 남다른 '의미meaning sense'가 있을 것이다. '의미가 있다'는 것을 영어로 표현하면 make sense라 할 수 있으며, 이는 그대로 직역하면 '감각을 만든다'가 된다. 자신의 감각을 통해 만들어진 기억에는 '특별한 의미'가 있다고 해석해도 될 것이다. 다시 말해서, 어떤 것을 강하게 느껴 기억에 남아 있는 사물은 특별한 의미를 만든다고 하면 쉽게 이해할 수 있을 것이다.

일반적으로 '집'하면 떠오르는 이미지와는 달리 특별한 의미가 더해진 '사물의 형태'에서 '건물의 형태'를 만들고자 하는 것이 이제부터 말하고자 하는 사물의 형태에서 발상하는 디자인 방법이다.

column

집의 이미지

삼각지붕의 집

일본의 '옛 도읍'이라고 일컬어지는 도시를 가 보면 왠지 정겨움을 느끼게 된다. 그 중 하나가 '구배가 있는 지붕'이 줄지어 있는 모습이 아닐까 싶다.

지붕의 크기, 구배의 기울기 정도, 재료에 따라 차이는 있지만 거리 전체의 경관이 하나로 정리된 경우가 많다. 현재는 방수기술이나 지붕의 시공기술 발달에 의해 지붕의 형태가 다양해져 가고 있다. 여기서 말하고자 하는 '사물의 형태에서 발상'하는 것도 그 기술에 힘입고 있지만 마음 어딘가에서 늘 생각하고픈 것은 '삼각지붕'의 경관적 의의이다.

《건축시론》의 속표지

프랑스의 건축이론가인 로제[1]의 저서《건축시론》의 속표지에 한 장의 그림이 그려져 있다. 뿌리가 큰 네 그루의 나무 머리에 보를 걸치고 수평목을 설치하여 '삼각지붕'을 만들고 이를 '건축의 원형'으로 다루었다. 서구에서도 구배가 잡힌 지붕이 있는 집을 건축의 출발점으로 하고 있음을 알 수 있다.

《빨강머리 앤》의 집

캐나다의 작가인 루시 모드 몽고메리가 쓴《빨강머리 앤》이라는 소설의 원제는《Anne of Green Gables》인데, 직역하면 '초록색 맞배지붕 집의 앤'이 된다. 프린스 에드워드섬을 무대로 주인공 앤의 청춘을 그린 이야기인데, 여기서 주목해야 할 것은 Gables이다. 맞배는 지붕의 양측에 두 개 있기 때문에 복수가 된 것이며, 앤이 생활하던 곳이 지붕 다락방이었다는 것을 암시하고 있다. 이처럼 삼각 천장의 지붕은 실제로 살아보면 편평한 천장에 비해 꿈을 키워주는 공간이 되며 의외로 쾌적하다.

---

1) 로제(Laugier, Marc-Antonie)
1713~1796. 프랑스 남부 출생. 이에즈스회의 사제이며 건축에 대한 전문적인 교육을 받은 적은 없으나 다양한 체험과 치밀한 논리로《건축시론》이라는 책을 써서 이름을 알리게 되었다.

_은유

문학에 '은유[2]=metaphor'라는 표현법이 있다. 자신이 본래 하고 싶던 말을 어떤 사물의 특성을 빌려 간접적으로 본심을 나타내는 방법이다. 은유에는 강하게 표현하는 방법과 약하게 표현하는 방법이 있다. 즉 '이것은…○○다'라고 강하게 표현하는 방법(직유)과 '이것은 …○○같다'라고 약하게 표현하는 방법(한유)이 있다. 그 차이가 무엇인지 다음과 같이 예를 들어 보겠다.

1. '그녀는 장미다'.................직유
2. '그녀는 장미 같다'..............한유

이렇게 표현된 언어 속에는 모두 '그녀를 사랑하고 있다'는 본심이 암시적으로 표현되어 있다.

3. '사실은 그녀를 사랑하고 있다'.......본심

건축디자인에도 이 같은 발상법이 있다. 사물의 형태를 보고 한눈에 무엇인지 알 수 있는 방법(직유)부터, 잘 보면 무엇인지 알 수 있게 하는 방법(한유)까지 몇몇 단계가 있다. 디자이너가 정말로 '중요하게 생각하는 것'을 어떤 사물의 형태를 이용함으로써 암시적으로 표현할 수 있는 것이다.

물론 디자이너가 중요하게 생각하여 건물의 형태로 하고 싶어 하는 사물의 형태는 디자이너들의 수만큼 많을 것임에 틀림없다. 반면에 이런 형태만은 피하고 싶다고 생각하는 것도 있을 것이다.

---

2) 은유(metaphor)
은유법의 줄임말. 어떤 사물을 다른 사물에 비유하는 어법의 일종. 본론에서는 '본심을 아닌 것처럼' 표현하는 방법이라 설명했지만, 그 외에 상대에게 '결정적인 타격'을 주는 방법도 있다(예 : '당신은 귀신이다').

사물의 형태에서 발상한 예

			직유	한유
사물의 형태	인간	얼굴	 사람의 얼굴	 사람의 얼굴
		신체	 여신상	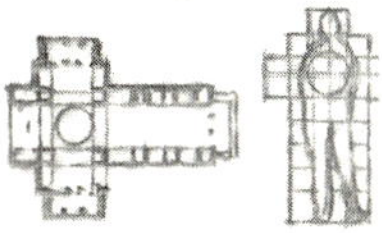 인간상
		부분	 남근	 회음
	자연경관	지형	 언덕	 산릉
		동굴	 동굴	 횡혈
	생물	식물	 숲	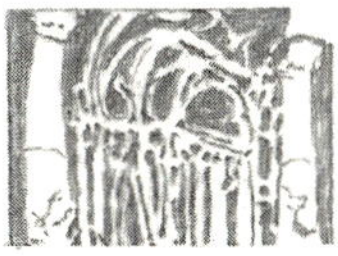 풀
		동물	 용의 등	 뼈
	기계		 기관차	 기계

그럼 어떤 사물의 형태를 건물의 형태에 적용할 수 있을까. 잡지에 발표되었던 작품 중에서 참고가 될 만한 것들을 소개하겠다(다음 페이지 그림 참조). '인간', '자연경관', '생물', '기계'로 분류하고 직유와 한유로 구분하여 나타냈다.

이 예들을 보면 그 건축가 나름대로 다양한 사물의 이미지가 있다. 또한 이미지기억에서 '이미지네이션=상상력'을 발휘하여 건축의 형태로 완성시킨 '풍부한 조형력'에 놀라움을 감출 수 없다.

_탈구축과 은유

이 같은 은유법이 인기를 얻게 된 현대에 이를 무렵 포스트모던 시대가 있었다. 근대주의가 막바지에 다다르자 이의를 제기하듯 폭넓게 사용되었다. 그런데 여기서 짚고 넘어가야 할 것으로, 같은 포스트모던 시대에 '탈구축'이라는 방법이 있었다는 것이다. 이들을 비교하면 은유는 이미지에서, 탈구축은 언어에서 발상한다는 차이가 있는 것이 특징이다. 포스트모던 시대에는 전혀 다른 발상법이 개발되었다는 것을 알고 있다.

주의해야 할 것은 자신이 다루고 있는 사물의 형태가 둘도 없는 중요한 형태라 하더라도 그 사정을 모르는 다른 사람이 볼 때에는 이상한 형태로 비칠 수 있다는 것이다. 일반적인 사물의 형태야 누구나 알고 있지만 프로포션을 조금이라도 달리 하면 그로테스크하고 색다른 물건으로 보일 수 있다. 최악의 경우에는 디자이너의 '이제까지 없던 새로운 것을 만든다'는 순수한 생각에 반기를 제기할 위험이 있다는 것에 주의해야 한다.

특히 현대에는 사회적으로 어떤 문제가 일어났을 때 그에 대한 '설명책임[3]=accountability'을 요구하는 경우가 있기 때문에 그에 대한 준비를 해두는 것도 중요하다. 하지만 이미지로 발상하는 디자이너들의 경우 언어에 약한 사

3) 설명책임(accountability)
사회와 관련된 어떤 일을 했을 때 현대와 같은 정보사회에서는 왜 그렇게 했는지 이유를 요구하는 경우가 있다. 그런 경우에는 설명을 해야 하는 책임이 생긴다.

람이 많은 것도 사실이다. 그런 점에 착안하여 시모무라 준이치(下村純一)의 저서 《不思議な建築(이상한 건축)》[4]이라는 책을 소개하고자 한다. 이미지를 언어로 어떻게 바꾸어야 하는지 그 힌트를 얻을 수 있을 것이다.

생명체의 형태에서 발상

_눈과 손의 힘

'사물의 형태에서 발상'하는 방법은 생물의 형태를 사용한다 해도 어딘가에 그것이 무엇인지를 알 수 있는 형태가 남아 있다. 이제부터 말하고자 하는 것을 잘 살펴보면 생물의 형태를 참고했지만 원래의 생물형태를 초월하여 '생명력' 자체가 형태화되는 방법에 대해서이다. 필자가 생각하기에 이 정도 레벨에 이른 건축가는 현재 가우디를 따라올 사람이 없다고 본다. 그러한 방식으로 과연 마지막 도달점까지 갈 수 있을지 없을지 모름에도 불구하고 가우디를 목표로 노력하는 건축디자이너들이 수없이 많은 것도 사실이다. 그러기 위해서는 '눈'을 통해 생명력 있는 사물의 형태를 '이미지 기억'으로 확실하게 저장하는 능력과 '손'을 통해 조각가처럼 생명의 형태를 생생하게 만들어 내는 '육체의 기억'을 저장하는 능력이 요구된다.

생명의 모습을 표현하는 것은 조각분야에서도 도전되고 있는데, 건축분야에서는 지붕에서 외벽까지, 천장에서 내벽까지, 또는 창에서 난간에 이르기까지 건물의 모든 부분에서 '생명의 형태' 그 자체를 표현하는 데 도전하고 있다.

4) 《不思議な建築(이상한 건축)-되살아난 가우디》
시모무라 준이치(下村純一)저. 기하학 외의 사물에서 발상하는 흥미로움에 대해 열정을 가지고 논했다. 책의 구성을 보면 ① 자연과 생물, ② 동굴, ③ 육체, ④ 수목, ⑤ 사물 덩어리로 이루어져 있다. 관심이 있는 사람이라면 꼭 한 번 읽어볼 가치가 있다.

_자연계의 형태

'생명의 형태'를 표현하려면 무엇부터 배워야 할까? 바로 '자연계'일 것이다.

우선 예를 들 수 있는 것이 '동물'의 몸통이나 다리, '곤충'의 등이나 손발 관절, 또는 '식물'의 줄기나 꽃잎 등이다. 이러한 형태에서 많은 사람들이 '생명'의 존재를 느낄 것이다. 그 외에도 비바람으로 침식된 바위산이나 종유석이 매달려 있는 동굴 등과 같이 오랜 세월에 걸쳐 만들어진 자연의 모습에서도 '생명'을 느끼게 하는 것이 있다.

가우디가 애독했던 책 중 괴테[5]의 《형태학서설》[6]이라는 책이 있다. 이 책에서 괴테는 '분절적인 연구를 끊임없이 계속하면 많은 결점이 생기게 된다. 생명이 있는 존재를 분절해가면 틀림없이 모든 요소에 도달할 수 있다. 하지만 분절된 모든 요소들을 모아서 다시 원래의 모습으로 재구성하거나 생명력을 느끼게 할 수는 없다. 이는 유기체뿐만 아니라 무기물도 마찬가지로 해당된다'고 말하고 있다. 가우디는 바로 이 《형태학서설》을 통해 배웠기 때문에 '언어'로 발상하는, 즉 '약속사항으로 발상'하는 방법을 택했다고 말할 수 있다. 하지만 괴테의 언어는 동기에 불과하며 '자연'과 직접 대치하여 자신의 '이미지 기억'에서 디자인을 시작했다는 것은 그의 작품들을 보면 분명하게 알 수 있다.

---

5) 괴테(Goethe, Johan Wolfgang von)
1749~1832. 독일의 시인. 대표작으로 《파우스트》가 있다. 슈트라스부르크대학을 다닐 때 눈을 떠 문학운동 '슈트룸 운트 드랭'의 중심으로 활약함. 바이마르 궁정의 재상이 되었지만 실패하고 이탈리아로 건너가 동식물의 형태 연구와 르네상스 및 고전주의 미술을 연구했다.

6) 형태학서설》
《괴테전집 제14권》 중에 수록되어 있다. 이 전집 중 《식물학》과 《동물학》에서 도판의 일부를 인용하여 다음 페이지에 게재했다.

생명체의 형태에서 발상

카사 바트료 가우디 개수 설계, 1906년

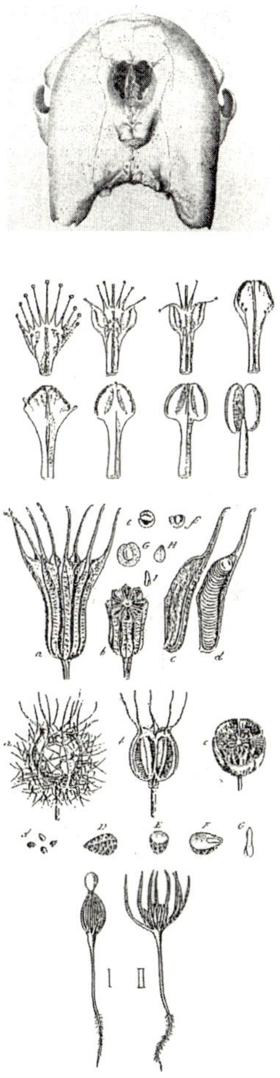

괴테의 저서에서 발췌

_힘이 흐르는 형태

가우디는 구조체 내의 '힘의 흐름'을 형태로 바꾸기 위한 시도도 했다. 그는 오랜 기간을 실험에 매달려 '역현수(逆懸垂)'라는 구조적 아이디어를 얻어냈다. 우선 몇 가닥의 실을 천장에 매달아 그 끝을 서로 묶고 끝에 추를 달아 더하거나 빼거나 하면서 가장 아름답다고 생각되는 형태가 될 때까지 조절해 나간다. 이 정도면 되겠다 싶을 때 그 모습을 사진으로 찍어두고, 이를 180도 회전시키면 '산이 볼록 솟아 있는 형태'가 된다. 그렇게 만들어진 형태를 교회의 형태로 만든다는 발상을 한 것이다. '장력'이었던 것을 '압축력'으로 치환하여 사용한다는 역전(逆轉)의 발상을 보고 얻어낸 것이다. 가우디의 '역현수형'은 '오감으로 발상'하는 전형적인 예라고 할 수 있다.

이렇게 생각해 낸 형태가 만일 역학적으로 불안하다면 나중에 구조계산을 해서 확실하게 하면 된다. 우리가 의례 학교에서 구조계산식을 배우고 그 계산으로 가능한 범위 내에서 기둥과 보의 치수를 정하는 '약속사항에서 발상'하는 방식과는 분명히 다르다. 즉 발상의 방법이 전혀 다르다고 할 수 있다.

가우디에게 감동을 받았다면 가우디의 형태를 흉내 낼 것이 아니라 그가 대치했던 '자연' 그 자체에서 조형의 비밀을 찾아보는 것이 더 낫지 않을까 싶다.

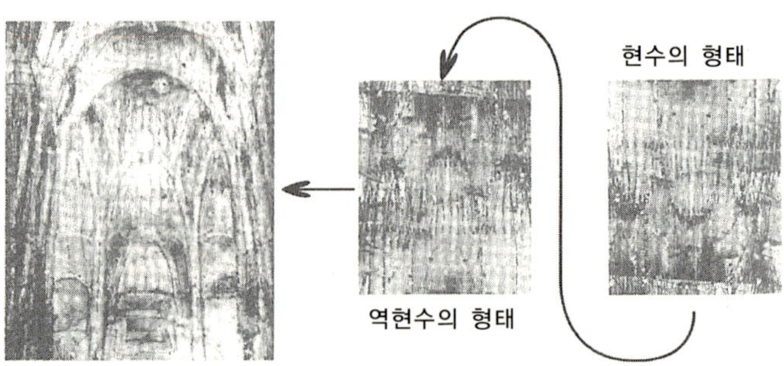

가우디의 스케치

2 신체에서 발상하기

유니버설 디자인으로 발상

_생명을 잘 유지한다.

생물이 환경 속에서 생명을 잘 유지하기 위해서는 스스로 몸을 움직일 수 있어야 한다. 예를 들어, 동물이나 새의 경우는 발이나 날개를 움직이지 못하게 되면 먹이를 구하러 다닐 수 없기 때문에 가만히 죽음을 기다리는 수밖에 없다. 그에 비해 인간의 경우는 자리보전을 하고 가만히 누워있을 수밖에 없는 상태가 되더라도 곁에 간병인이나 도와줄 사람이 있으면 어떻게든 살 수는 있다. 하지만 기본적으로 인간도 발을 움직이지 못하면 제대로 살기가 어렵다. '음식이 있는 곳까지 걸어간다', '배설을 위해 화장실까지 걸어간다', '몸을 깨끗이 하기 위해 욕실까지 걸어간다', 이 세 가지만 가능하면 최소한 생명은 유지할 수 있다.

그렇다면, 만일 그 장소까지 걸어가지 못하게 될 경우 어떻게 될까?

역전의 발상으로 본인은 가만히 침대에 누워 있고 식사 트레이, 요강, 이동 욕조 등의 '가동설비'를 침대까지 옮겨 주고 다른 사람의 도움을 받으면 생명을 유지할 수 있을 것이다. 계속 잠만 자는 상태라면 아무것도 할 것이 없겠지만 조금이라도 몸을 움직이는 경우에는 공간을 개량하여 '자력'으로 필요한 장소까지 걸어갈 수 있게 하는 것이 '배리어 프리(barrier free)'의 발상이다.

'걷는다'는 행위에 주목해서 보면 다른 사람의 손이나 눈 등을 빌리지 않으면 목적으로 하는 장소까지 몸을 이동시키는 것이 불가능하다.

우선 중요한 것이 '발'이다. 현관, 복도, 목욕탕 등에서의 단차 극복, 미끄러지기 쉬운 바닥마감 등도 극복하지 않으면 몸의 이동이 불가능하다. 가고 싶은 방향이나 표지의 확인은 시력을 잃지 않는 한 '눈'을 의지하게 된다. 난간을 잡거나 휠체어를 앞으로 밀기 위해서는 '손'의 악력이 필요하다. 또한 화상 등으로 인해 죽지 않으려면 끓는 냄새를 맡을 수 있는 '코'가 필요하다.

복도의 폭은 휠체어가 통과할 수 있어야 하며, 문의 폭은 간병인과 함께 일 경우 두 사람이 나란히 동시에 통과할 수 있어야 한다.

'유니버설 디자인'과 '배리어 프리'가 어떻게 다르냐는 질문을 자주 받는다. 원래는 '고령자와 장애인' 등의 이동시 장애가 되는 것을 배제한다는 취지에서 시작된 것이 배리어 프리인데, 현대에는 건강한 사람과 외국인까지 포함한 토털 환경 문제로 다루어지게 되어 모든 사람이 이동하기 쉽고 사용하기 쉬운 환경을 목표로 한 유니버설 디자인으로 결실을 맺고 있다.

_특수한 것에서 일반적인 것으로

단차의 해소나 슬로프 설치 등과 같은 '배리어 프리 대응'은 장애인이나 고령자에게 해당하는 특수한 문제로 다루어져 왔다. 이 문제의 해결과정을 '특수귀납법'으로 생각해 보겠다.

현재는 모든 이에게 관련되는 '유니버설 디자인'으로 정리되어 가고 있다. 이 정리되는 과정을 '일반귀납법'적인 단계에 들어갔다고 생각해 보겠다. '유니버설 디자인'의 과제는 이제 문제제기 단계에서 문제해결 단계로 들어섰다. 가까운 장래에 누구나 이용할 수 있는 약속사항화(매뉴얼화)될 것이 틀림없다.

그런 시기가 되더라도 매뉴얼에 의지하지 않고 자신의 오감을 이용하여 걸어보거나 앉아보거나 손으로 잡아보고 확인하면서 디자인에 도움이 되게 해야 한다. 바로 이것이 여기서 말하는 '오감으로 발상'하는 것의 의미이다.

자신의 오감으로 확인한다

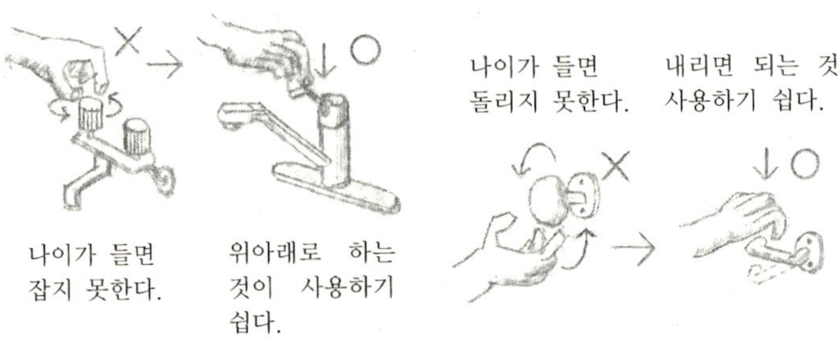

column

[유니버설 디자인]

일곱 가지의 정의

유니버설 디자인의 제창자인 메이스는 일곱 가지의 항목을 들어 이를 정의했다.

첫 번째로, 공공성이다 : 이용할 수 있는 사람 또는 기회에 차별이나 배제가 있어서는 안 된다. 즉 모든 사람이 이용할 수 있어야 한다.
두 번째로, 자유도이다 : '이렇게 하지 않으면 움직일 수 없다' 는 식으로 사용법이 엄밀하게 규정되어 있는 것은 누구나 사용할 수 있는 디자인이라고 할 수 없다. 즉 사용할 때의 자유도가 높아야 한다.
세 번째로, 사용자가 '직감적' 으로 알 수 있어야 한다. : 최근에는 컴퓨터나 휴대전화를 사더라도 두꺼운 매뉴얼을 읽지 않으면 조작을 할 수 없는 경우가 많다. 사용법을 금방 알 수 없는 디자인은 유니버설 디자인이라고 할 수 없다.
네 번째로, 간단히 이해할 수 있어야 한다. : 건강한 사람이든 장애를 가진 사람이든, 내국인이든 외국인이든 누구나 이해할 수 있도록 되어야 한다.
다섯 번째로, 실수를 허용할 수 있어야 한다. 사람은 실수를 자주 한다. 한 번 실수를 했다고 해서 다시 사용하지 못하는 허용도가 낮은 디자인은 유니버설 디자인이라고 할 수 없다.
여섯 번째로, 무리한 자세나 힘이 들어가지 않아야 한다. : 예를 들어 주방에 설치한 선반에서 접시를 꺼내는 데 의자 위에 올라가야만 꺼낼 수 있다. 이렇게 위험한 자세를 요하는 디자인은 유니버설 디자인이라고 할 수 없다.
일곱 번째로, 치수와 공간의 포용성이다 : 예를 들어 휠체어가 지나가다가 방향을 바꿔야 하는데 회전을 할 수 없는 복도나 통로는 포용성 있는 디자인이라고 할 수 없다.

메이스(Mace, Ronald, L. 1941~1998)

미국의 건축가, 공업디자이너, 교육자. 노스캐롤라이나대학 졸업. 이곳에 설계사무소를 열고 동시에 유니버설 디자인센터를 거점으로 하여 운동을 추진하는 중심적인 역할을 하여 '유니버설 디자인' 이라는 용어를 만들어내 유명하다.

특히 디자이너가 건강한 사람일 경우는 시각적으로 아름다운 형태만 쫓기 쉽다. 예를 들어 '도어노브'나 '의자'의 경우, 시각적으로 아름다운 형태뿐만 아니라 장애인이나 고령자도 잡기 쉬운 형태와 앉기 쉬운 형태로 되어야 한다. 메이스가 제창한 일곱 가지 항목에 느낀 바가 크다면 자신의 발, 손, 허리 등으로 확인해 보면서 눈으로도 아름다운 디자인이 되도록 노력하기 바란다.

시퀀스로 발상

_계기연속(繼起連續)

건물이나 정원이 '공간예술'이라는 것은 누구나 알고 있지만, 이와 별개로 '인간의 움직임=보행'을 특징으로 했을 경우 음악과 마찬가지로 '시간예술'로 파악할 수 있다. 예를 들어 다음 페이지 그림의 선종사원처럼 문으로 들어가 건물 내부를 거쳐 고산수식 정원에 이르기까지 걸어가면 오른쪽으로 구부러지거나 왼쪽으로 구부러지는 '발의 움직임'과 닫히거나 열리거나 하는 '눈앞의 공간'이 일체화된 '예술적인 연속공간'을 경험할 수 있다. 이와 같이 중간을 빼놓고는 앞으로 나갈 수 없는 '시퀀스[7]=계기연속'의 특징을 살린 디자인을 '신체에서 발상하기'로 생각해 보겠다.

그런데 시퀀스적으로 훌륭한 건물이나 정원을 걷고 난 후 어느 곳이 멋졌는지 그림으로 그려보라면 어렵다고 말한다. 하지만 '몸'은 잘 기억하고 있다. 따라서 디자이너는 결과적으로 훌륭한 시퀀스 공간을 디자인할 수 있으면 되는 것이므로 여러 예술적인 연속공간을 다녀보고 그 때의 '이미지기억'을 저장해 두었다가 디자인을 할 때 직접 살리도록 한다.

7) 시퀀스(sequence)
계기연속으로 해석된다. 앞뒤로 관계가 있는 일련의 연속성과 지속성으로 정리된 것을 말한다. 시퀀스 연구에는, 인간은 가만히 있고 눈앞에서 연속적으로 변화하는 경관을 연구하는 것과, 인간이 이동할 때의 경관 변화를 연구하는 것이 있다. 길, 광장, 정원 등을 걸을 때의 연구사례는 많지만 건물 내부를 걸을 때의 연구사례는 적은 편이다.

사원의 시퀀스

다이토쿠지 료엔잉

(大德寺龍源院)

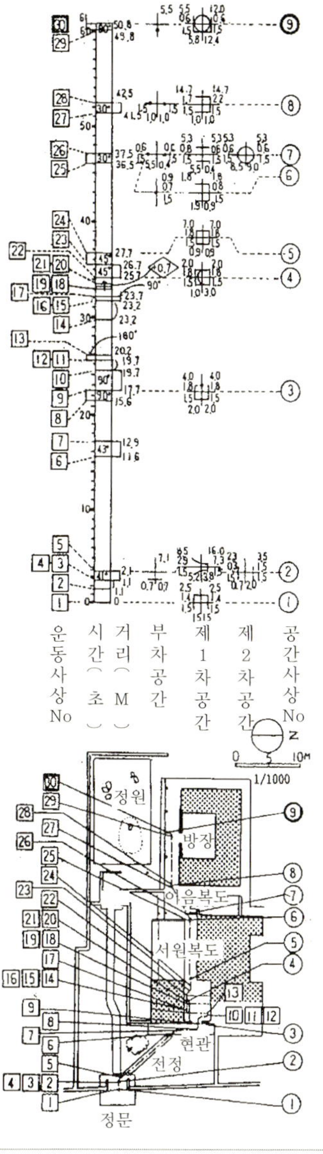

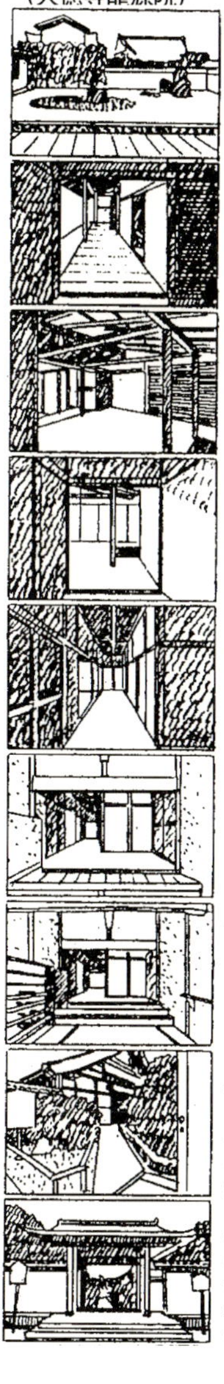

⑨ 연측 중앙에서 왼쪽으로 꺾이며 정원과 마주보게 된다. 제1차 공간의 구성요소는 이곳까지 건축적 요소였지만 담이 전면과 좌우 위치에 구성되어 있다. 정면의 정원석이 점재물(点在物)로서 부차공간을 구성하고 있다

⑧ 두 공간을 잇는 복도에서 방장(方丈)의 연측이 나온다. 좌측은 개방되어 있어 빛이 풍부하다. 오른쪽 위치의 창호와 상하 위치의 처마천장과 바닥이 제1차 공간을 구성한다. 왼쪽 위치에 기둥이 부차공간을 구성하고 있다.

⑦ 좌측으로 30° 구부러지면서 두 공간을 잇는 복도가 나오게 된다. 천장과 바닥의 상하 위치의 설정요소로 제1차 공간을 구성하고 있다. 개방된 좌우는 안뜰의 담이 제2차 공간을, 좌우의 기둥이 부차공간을 구성하고 있다.

⑥ 어둡고 용량도가 높은 복도를 빠져나오면 우측 벽면은 연속되지만 좌측은 끊어져 점차 밝아진다. 상하 위치의 천장 및 바닥과 오른쪽 위치의 벽에서 제1차 공간을 구성한다. 전면에 기둥이 부차공간을 구성하고 있다.

⑤ 복도에서 폭이 좁아지는 폐쇄성이 높은 복도로 들어간다. 천장과 좌우의 벽과 바닥에서 제1차 공간이 구성된다. 폭 1.8m, 높이 3.3m, 안길이 7.0m로 안길이가 깊은 공간이다.

④ 신발을 벗고 식대(式臺, 현관앞 낮은 마루)에서 마루로 0.7m 올라간다. 제1차 공간은 천장과 마루와 좌우의 벽 그리고 전면의 왼쪽이 복도로 개방되었기 때문에 우측만 벽으로 설정되어 있다. 부차와 제2차 공간은 없다.

③ 좌측으로 90° 꺾여 현관에 들어간다. 좌우 위치의 벽면과 하부 위치의 토방, 그리고 상부 위치는 천장이 없기 때문에 소옥조(小屋組)의 화장보 하단이 스크린상으로 제1차 공간을 설정하고 있다.

② 전정에 들어서 우측으로 41° 꺾어지면 전면에 맞배벽이 비스듬하게 제1차 공간을 설정하고 있다. 포석은 부차공간을 설정하며, 좌우 양측에 식목이 제2차 공간을 설정하고 있다.

① 정문이 제1차 공간을 설정하고 있다. 상부 위치의 지붕과 좌우 위치의 문들에 의한 설정요소이다. 폭 3.0m, 높이 2.9m, 안길이 2.5m, 참관자는 문에서 반드시 몇 초 동안 멈춰 선다.

_신체 이동

건축디자이너가 가장 자주 사용하는 것이 평면도이다. 평면도를 보면 마치 비행기에서 아래를 내려다보는 것처럼 이곳저곳을 볼 수 있다. 그런데 실제로 건물 내부를 걸을 때에는 앞만 보고 걷게 된다. 따라서 디자인을 할 때에는 도면 속을 걸어 다니는 것처럼 가정하고 생각하는 것이 중요하다.

이처럼 체험적 공간을 '표기법=notation'[8)]을 사용해 나타내는 방법을 고안한 사람이 있는데 바로 환경디자인 연구자인실[9)]이다. 그의 표기법은 음악에서의 악보처럼 시간을 지표로 하고 있는 것이 특징이다.

'사람의 움직임'은 공간 내의 위치변화로 표기된다. 그 변화는 시간, 거리, 방향의 세 가지 속성으로 나타낼 수 있다. 전체적인 연속지각을 구조화하여 지표화하는 것은 시간이며 거리가 아니다. 운동속도는 시간과 거리에, 위치변화는 거리와 방향에 관계된다.

거리는 다시 수평과 수직의 거리로 나뉜다. 방향 역시 수평과 수직방향으로, 수평방향은 오른쪽과 왼쪽으로, 수직방향은 위와 아래로 각각 나뉜다. 운동이 변화될 때에는, 예를 들어 보행속도가 시간당 4킬로에서 시간당 5킬로로 변화하거나 방향이 직진에서 우회전으로 변화되는 것은 하나의 운동사상에 변화가 일어난 것으로 기술된다. 읽는 법은 아래에서 위로 읽는다.

---

8) 노테이션(notation)
기호법 또는 표기법으로 해석된다. 가장 잘 알려져 있는 것이 음악의 악보(music notation)일 것이다. 환경디자인에서는 실 외에도 할프린이나 린치 등의 연구가 있다.

9) 실(Thiel, Philip)
1920~. 미국의 건축가, 환경디자인의 이론가. MIT에서 공부하고 브로이어의 사무소에서 실무를 배움. 사무소 동기로 아시하라 요시노부(芦原義信)가 있다. 캘리포니아대학에서 교편을 잡은 후, 워싱턴대학 교수를 역임했다.

발의 시퀀스에서 발상

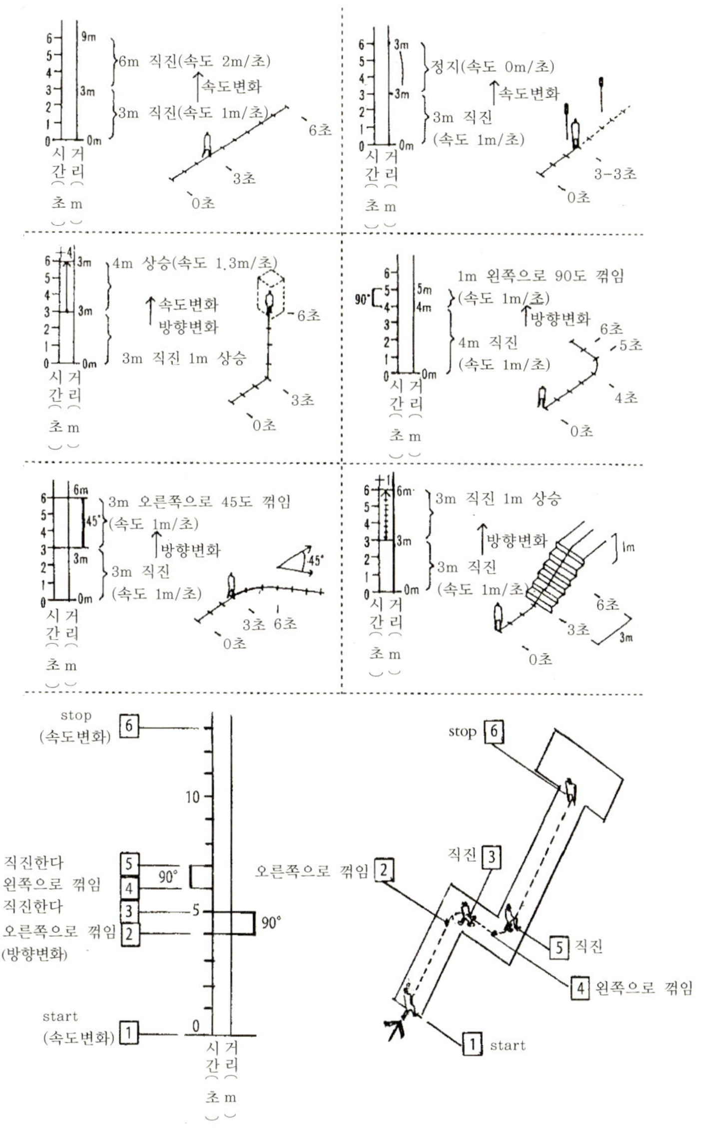

6m 직진(속도 2m/초)
속도변화
3m 직진(속도 1m/초)
6초
3초
0초
시간(초)
거리(m)
정지(속도 0m/초)
속도변화
3m 직진
(속도 1m/초)
3-3초
0초
4m 상승(속도 1.3m/초)
속도변화
방향변화
3m 직진 1m 상승
6초
3초
0초
1m 왼쪽으로 90도 꺾임
(속도 1m/초)
방향변화
4m 직진
(속도 1m/초)
6초
5초
4초
0초
3m 오른쪽으로 45도 꺾임
(속도 1m/초)
방향변화
3m 직진
(속도 1m/초)
3초 6초
0초
3m 직진 1m 상승
방향변화
3m 직진
(속도 1m/초)
6초
3초
0초
stop 6
(속도변화)
직진한다 5
왼쪽으로 꺾임 4
직진한다 3
오른쪽으로 꺾임 2
(방향변화)
start 1
(속도변화)
90°
오른쪽으로 꺾임 2
직진 3
5 직진
4 왼쪽으로 꺾임
1 start

_시각공간

'계기연속되어 있는 공간'을 각각 분절된 '단위공간'이 연속해 있는 것으로 보고 이를 점차 통과해가는 것으로 생각한다. 단위공간은 '몸 앞쪽'에 보이는 상태로 기술된다. 그 공간은 앞쪽에 보이는 다섯 가지의 '공간설정요소'로 구성되어 있는데, 이는 각각 앞, 좌·우, 상·하이다. 뒤에 있는 요소는 보이지 않기 때문에 기술할 필요가 없는 것이다. 요소는 면, 스크린, 점재물 등의 '상태'로 표현된다.

공간참가자로서 지금 자신이 있는 공간 내에서 가장 확실하게 설정되어 있다고 느끼는 공간을 '제1차 공간primary space'이라 한다. 예를 들,어 방 안일 경우는 바닥, 천장, 벽 등이 그것이다. 그 안에서 가구 등과 같이 작은 것은 '부차공간sub space'을 설정하는 것으로 본다. 제1차 공간의 외측에서, 예를 들어 창밖으로 보이는 담이나 수목 등은 '제2차 공간secondary space'을 설정하는 것으로 본다.

료엔잉(龍源院)의 기록에서는 표기법만으로 알기 어렵기 때문에 투시도와 설명을 함께 기입했다. 그 기록을 통해 세 가지의 동시적 공간이 걸을 때마다 나타나거나 없어지거나 하는 것을 알 수 있다. 또한 '사람이 먼저' 있고, 그리고 나서 '공간이 생긴다는' 인간과 공간과의 관계를 읽을 수 있다.

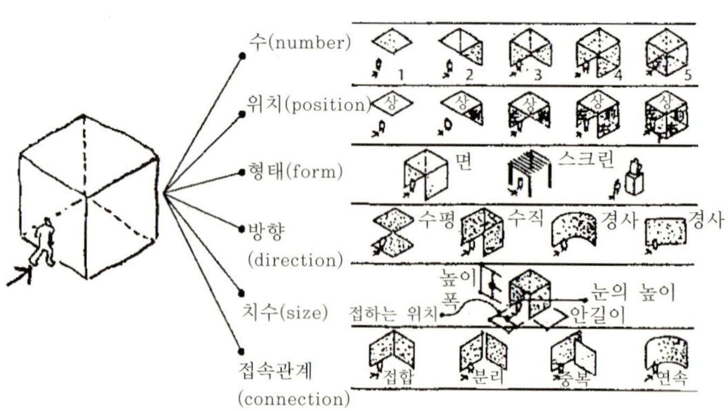

눈의 시퀀스에서 발상

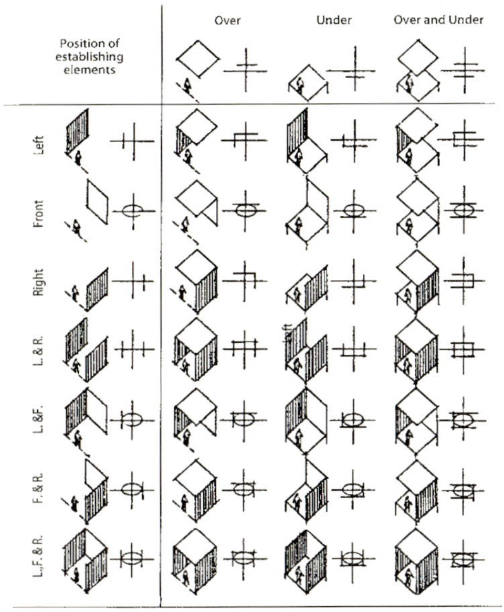

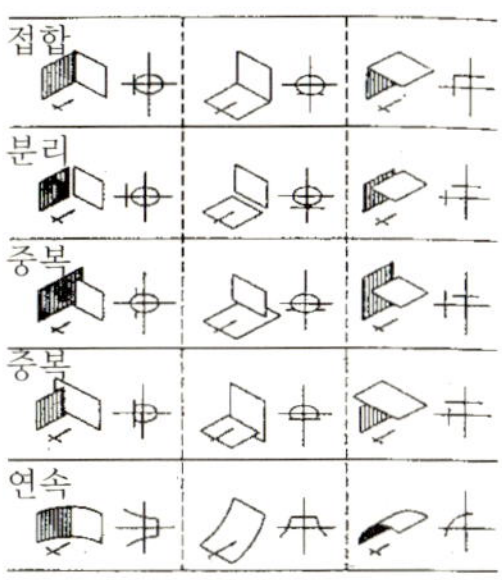

그림 출전: Thiel, Philip "PEOPLE PATH, and PURPOSE" Universit of Washington Press. 1999

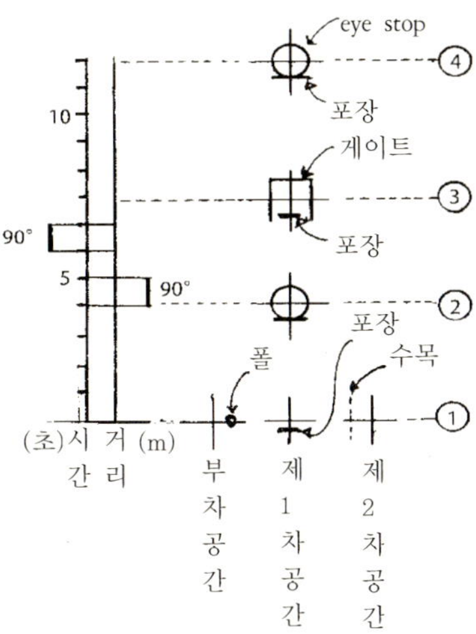

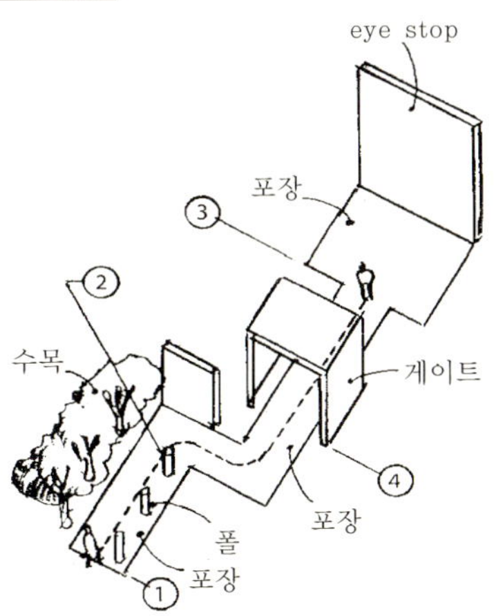

_사람이 먼저 있고.....

실(Thiel)의 기호법에서는 '사람이 먼저 있고' 그 다음에 '그곳에 공간이 생겨난다'는 생각이 기본을 이루고 있다. 따라서 '공간참가자space participant'로서의 '인간의 존재'를 가장 먼저 생각하지 않으면 그림을 그릴 수 없게 된다. '사람이 먼저 있고, 그리고 그곳에 공간이 생긴다'는 견해를 일본에서 찾아보면 회유식 정원을 들 수 있으며, 이곳을 거닐 때 누구나 쉽게 경험할 수 있다. 하지만 일본에서는 이를 언어로 이론화하는 시도는 없었으며, 서구에서는 철학영역에서 이를 이론화하기 위해 오랜 기간 연구한 바 있어 그 개략을 소개하고자 한다.

디자인의 목적이 '도면이 완성'되었을 때 끝났다고 생각하는 사람이 의외로 많다. 또한 그 도면을 바탕으로 건물이 건설되었을 때 끝났다고 생각하는 사람도 많다. 한편, 완성된 건물 내를 다니며 예상했던 대로의 경험을 확인하면서 디자인의 목적이 달성되었다고 생각하는 사람도 있다. 유니버설 디자인이나 시퀀스 디자인에서의 디자인의 목적은 '형태'에 있는 것이 아니라 형태에서 얻어지는 '경험'에 있다고 생각하는 것이 중요하다. 이는 '오감으로 발상'하는 디자인법의 큰 특징 중 하나이기도 하다.

column

[사람이 먼저 있고, 그 다음에 공간이 생겨난다]

'사람이 먼저 있고, 그리고 나서 그곳에 공간이 생긴다' 는 견해를 일본에서 찾아보면 회유식 정원을 들 수 있으며, 구체적인 '이미지' 로 쉽게 경험할 수 있다. 서구에서는 이를 오랜 기간에 걸쳐 '언어' 로 이론화하는 데 성공했는데, 이제 그 개략을 소개하겠다.

두 개의 실체 : 우선 '나는 생각한다. 고로 나는 존재한다cogito, ergo, sum' 는 말로 잘 알려진 17세기의 프랑스 철학자 데카르트[10)]부터 살펴보자. 그는 '사유하는 정신' 과 '연장되는 물체' 라는 독립된 두 개의 실체를 생각해냈다. '2원론' 의 원조라고도 일컬어진다. 실(Theil)의 기호법을 잘 보면 먼저 '공간참가자' 가 있고 신체가 이동할 때마다 '시각 공간' 이 생겨난다는 생각을 바탕으로 하고 있다. 사람이 먼저라는 점에서 공통된 점을 발견할 수 있다.

세계-내-존재(In-der-Welt-sein) : 20세기의 독일 철학자 하이데거[11)]가 남긴 말이다. 다소 난해해 보이는 이 말을 이해하기 위해 실(Theil)의 언어로 바꿔 보면 '제1차 공간-내부-공간참가자' 라는 조어로 완성된다. 완벽한 해석은 아니지만 풀어보면, 공간은 우주 끝까지 무한하게 넓어지는 것이 아니며, 그곳에 존재하는 사람이 먼저 있고 그 사람이 보는 범위, 오감이 이르는 범위에 공간이 생겨난다는 의미로 이해할 수 있다.

안길이 : 프랑스의 철학자 메를로 퐁티[12)]는 '사람이 먼저 있고' 그리고 나서 '그곳에 공간이 생겨 난다' 는 견해를, 사람의 의식에서 몸으로 문제를 확대시켜 나가는 것으로 파악했다. 구체적으로 말하면 '신체 앞쪽' 으로 펼쳐지는 공간에 대해 공간의 '폭' 보다는 '안길이' 가 인간에게 있어서 보다 본질적이라는 견해에 이르고 있다.

체험되는 공간 : 마지막으로 독일의 철학자 볼노[13)]의 저서인 《인간과 공간》 을 들어보겠다. 그는 수학적 공간과의 비교에서, 인간에 의해 '체험되는 공간' 의 구체적인 예를 다양하게 들면서 그 풍부함에 대해 설명했다. 인간과 관련되는 공간을 이해하는 데 있어서 최적의 참고서로 추천할 만하다.

---

10) 데카르트(Descartres, Rene)
1596~1650. 프랑스의 철학자, 물리학자. 원안과 결과로 생각하는 합리철학의 길을 열었다.

11) 하이데거(Heidegger, Martin)
1889~1976. 독일 출생. 프라이부르크대학에서 신학과 철학을 공부하고, 인간을 '현존재' 라 부르는 실존철학을 제창했다.

12) 메를로 퐁티(Merleau-Ponty, Maurice)
1908~1961. 프랑스의 실존주의 철학자. 감각에 직접 전달받는 것이 진정한 실재라고 여기고, 주관과 객관은 서로 관련되어 있다고 생각했다.

13) 볼노(Bollnow, Otto Friedrich)
1903~. 독일의 베를린대학에서 공부하고 하이데거의 영향을 받았으며, 튀빙겐대학의 철학 · 교육학 교수를 역임했다.

3 자연에서 발상하기

자연의 주기(사이클)로 발상

_이미지의 양

최근 들어 '자연'이나 '환경'이라는 말이 유행처럼 사용되고 있는데, 그런 언어에서 발상을 해보려고 해도 좀처럼 좋은 아이디어가 잘 떠오르지 않는다. 아이디어가 나온다는 것은 그 언어와 관련되어 떠올릴 수 있는 구체적인 이미지 기억이 있다는 것이다. 여기에는 물, 공기, 태양, 빛, 흙, 식물, 바람 등과 같은 '구체적인 이미지기억'이 필요하다. 또 하나 중요한 것은 발상은 '어떤 이미지'와 '다른 이미지'의 새로운 만남에 있다는 점이다.

그런데 도시 속에서 경험할 수 있는 자연은 '분절된 자연'뿐이다. 그래서 전체적으로 '이어져 있는 자연'을 경험할 수 있는 곳으로 나가야 한다. 예를 들면 아침안개가 자욱한 고원이나 시냇가에서 낚시를 할 수 있는 숲도 괜찮다. 눈앞에 펼쳐지는 광경이 모두 자연인 곳에서 생활해 보는 것이다. 그렇게 좀 지나면 이미지량이 증대되고 자연의 한 부분과 다른 부분이 어딘가에서 이어짐을 알 수 있게 될 것이다.

_시스템과 사이클

자연 속에서 본 '어떤 부분과 다른 부분'의 관계성을 표현하는 방법은 서양과 동양에 따라 좀 차이가 있다.

서양의 경우, 예를 들면 르네상스 시기에 코페르니쿠스[14)]가 태양과 지구의 관계를 자전이라는 형태로 잇는데 성공했다. 지동설(地動說)이라는 자연의 '시스템=체계' 을 과학적인 방정식으로 나타내는 데 성공한 것이다. 자연의

---

14) 코페르니쿠스(Copernicus, Nicolaus)
1473~1543. 폴란드의 천문학자, 성직자. 육안에 의한 천체 관측과 그리스 사상에 기초하여 태양중심설을 주장했다. 당시의 정설이었던 지구중심설과는 반대로, 지구나 다른 혹성들이 그 주위를 둘러싸고 있다는 지동설을 발표하여 근세 세계관을 수립하는 데 공헌하였다. 주요 저서로는 '천체의 회전에 대해서' 등이 있다.

구조를 시스템으로 파악하는 견해는 이후 과학의 발전에 크게 기여하였다.

같은 시기에 유라시아 대륙의 동쪽에 위치한 일본에서는 다이토쿠지(大德寺)의 대선원(大仙院)에 있는 고산수식 정원[15]과 같이 심산유곡의 골짜기 사이에서 흘러나오는 물이 모여 개울이 되고, 이것들이 모여 다시 한 줄기의 시내가 되어 큰 바다로 흘러들어간다는 기우장대한 자연의 '사이클=순환'을 흰 모래를 사용하여 나타냈다. 사이클은 동양의 '윤회'[16]라는 말로 표현할 수 있는데, 물의 흐름을 사람의 일생에 비유하여 죽은 후의 영혼이 바다에 떠있는 봉래산(蓬萊山)[17]에 이르게 된다.

서양의 '논리적인 뇌'에 비해 동양의 '감성적인 뇌'는 다소 비약이 많아 보이긴 하지만, 그러한 감성이 동양적인 자연관을 정원이라는 조형 내에 표현하는 데 성공시켰다.

_자연주기(사이클)의 표현

자연환경에 관한 문제는 각종 미디어에 의해 지구 규모로까지 확대되고 있음을 알 수 있는데, 디자이너 입장에서 볼 때 그 규모가 너무 커 어떻게 손을 대야 할지 난감할 따름이다. 따라서 여기서는 주어진 범위 내에서 자연의 일부를 이어나가는 식으로 생각해보겠다.

그러기 위해 여기서 학생작품 하나를 소개하려고 한다. '환경공생주택'이라고 이름붙인 이 집합주택의 특징은 주어진 부지 내에서 자연의 일부를 이

---

15) 고산수식 정원(枯山水式 庭園)
석조를 주로 사용한 정원. 물을 표현하는데 물이 아닌 모래가 이용되었다. 무로마치 시대에 송나라에서 수입된 산수화의 영향을 받은 것이 많으며, 대표적인 것으로 교토의 다이토쿠지(大德寺) 탑두대선원(塔頭大仙院)에 있는 고산수식 정원을 들 수 있다.

16) 윤회(輪廻)
차바퀴가 항상 끊임없이 회전하는 것처럼 중생들도 생과 사를 거듭하며 멈추지 않는다는 것을 의미한다.

17) 봉래산(蓬萊山)
중국의 전설에서, 동쪽 바다에 있으며 선인이 살고 불노불사의 땅이라 여긴 영산이다.

어나가는 식으로 완성했다. 산과 계곡이 있는 자연경관을 빗대어 만든 이 건물은 '옥상녹화'[18]된 부분에 내린 빗물이 모아져 지상의 '바이오톱'[19]으로 집합된다. 즉 빗물은 펌프로 옥상 탱크에 일시 저장되었다가 실외에 있는 정원이나 집 내부의 온실 등으로 보내진다. 건물 전체에 물을 '순환=사이클'시킨다는 테마로 이루어져 있다.

물이 순환되는 아름다운 모습을 건축 디자이너의 감성으로 파악하고 설비 전문가와 시스템상의 문제를 상담한다. 처음부터 전문가에게 의뢰하면 물의 흐름을 파이프를 이용하여 건물 속으로 감추게 될 우려가 있다. 디자이너의 직감으로 '자연의 주기'를 파악한 후 시스템을 고려해 나가는데, 바로 이렇게 생각하는 순서가 중요하다고 할 수 있다. 이것이 '오감으로 발상'하는 것의 의미이다.

자연의 재료에서 발상

_피부와 코로 결정

건물 외부에는 비바람이나 일사에 대해 '내후성(對候性)'이 있는 재료가, 화재나 지진에 대해서는 '내화성'과 '내진성'이 있는 재료가 사용된다. 그렇다면 인테리어 마감에 대해서는 어떻게 해야 할까? 건물 내부는 매일매일 생활이 이루어지는 공간이기 때문에 그곳에서 생활하는 사람의 '친숙성'이 중요하다. 친숙성은 눈뿐만 아니라 귀, 코, 입, 피부 등 오감 전체와 관련된다.

---

18) 옥상녹화
건물 옥상에 식물을 심어 녹화하는 것을 말한다. 단순히 지붕에 흙을 깔고 풀들을 심는 것부터, 연못을 만들고 나무를 심어 지상에 있는 정원처럼 만드는 것까지 여러 가지 방식이 있다. 흙이나 수목은 단열효과가 있기 때문에 도쿄에서는 여름철의 열섬(heat island) 현상을 해소하기 위해 조례를 만들어 추진하고 있다.

19) 바이오톱(biotop)
바이오는 '생체', 톱은 '장소'를 의미한다. 정원이나 공원에 연못을 만들 때 수륙의 중간에 수변식물이 자랄 수 있는 환경을 만들어 둔다. 수중동물이나 수변식물이 일체화되어 생태연쇄가 일어나기 쉽게 되어 있는 곳을 '바이오톱'이라 부른다.

자연 주기(사이클)에서 발상

대선원(大仙院) 정원

환경공생주택

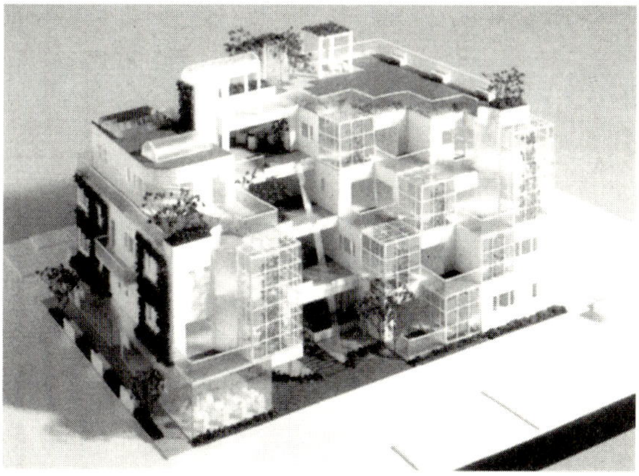

中田知子 설계(학생작품)

그 중에서도 특히 '피부'와 '코'에 대해 친숙한 자연재료로 디자인하는 것을 생각해 보겠다.

개인적인 예이지만 필자의 경우 포름알데히드[20]나 톨루엔[21] 등과 같은 휘발성 물질에 대해 민감하게 느끼는 편이기 때문에 주택을 디자인할 때 항상 이를 염두에 두고 신경을 쓰며, 디자인을 의뢰받을 때에도 클라이언트에게 자연재료의 사용을 권하고 있다.

그런 이유에서 필자는 주택의 경우 내장에 비닐크로스 등과 같은 석유제품은 가급적 사용하지 않으려고 한다. 대신 나무, 흙, 종이와 같은 자연재료의 사용에 신경을 쓰는 편이다.

다음 페이지의 그림은 가루이자와(輕井澤)에 지어진 목조 별장이다.

이 별장은 도시계획구역 밖이라는 메리트가 있고, 도시의 밀집지대처럼 방화구조로 할 필요가 없으며, 자연재인 송판을 미리붙이기[22]에 사용할 수 있었다. 낙엽송으로 우거진 주변의 숲과 잘 조화되어 좋은 분위기를 냈다. 내부의 천장은 송판을 반턱쪽매[23], 벽은 규조토 바름, 바닥은 오크재에 의한 플로어링으로 마감했다.

---

20) 포름알데히드
분자식 HCHO. 물에 잘 녹고 환원성이 강하여 벽지 등을 바를 때 접착제로 자주 사용되는데, 자극적인 냄새가 있고 발암성이 있는 것으로 지적되고 있다.

21) 톨루엔
분자식 $C_6H_5CH_3$. 콜타르 중에 포함된 방향족 탄화수소의 일종. 염료, 화약, 의약, 합성수지, 합성섬유의 원료. 중추신경에 대한 영향, 생식·발생독성의 가능성이 지적되고 있다.

22) 미리붙이기
벽에 횡판을 붙이는 방법 중 하나로, 판이 서로 조금씩 겹쳐지도록 붙이는 것을 말한다.

23) 반턱쪽매
판의 접합법의 일종. 바닥이나 벽에 붙이는 판 등의 측면 한쪽을 ㄱ형으로 접합시키는 방법이다.

자연재료에서 발상

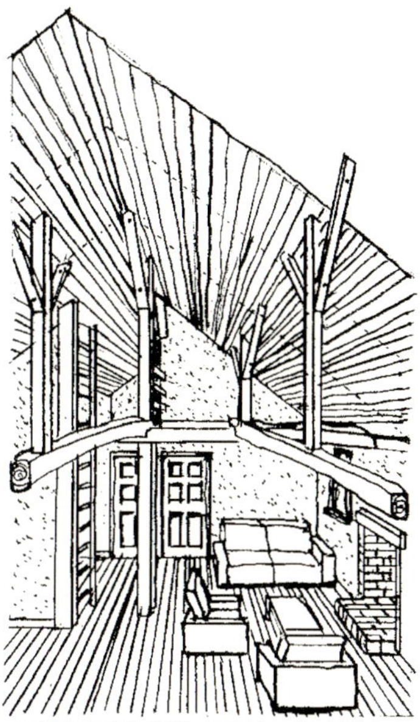

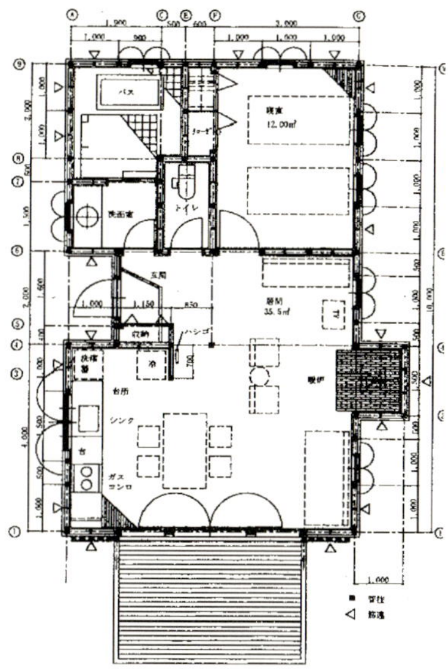

가루이자와의 별장. 宮宇地一彦, 嶋佐知子 공동설계

1층평면도

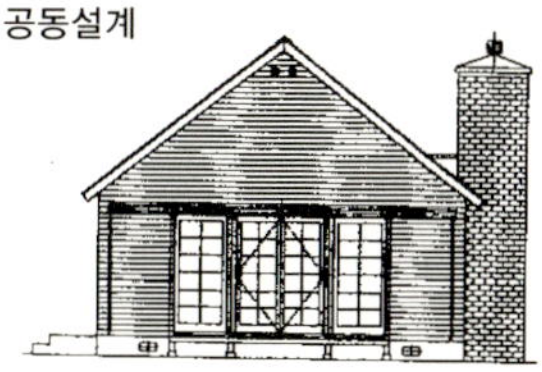

남측입면도

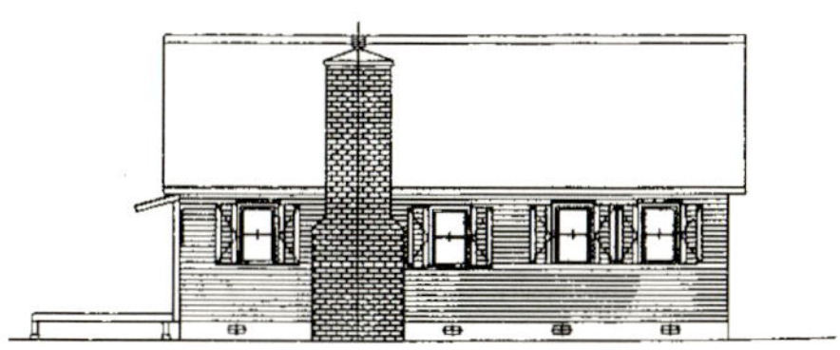

동측입면도

북측입면도

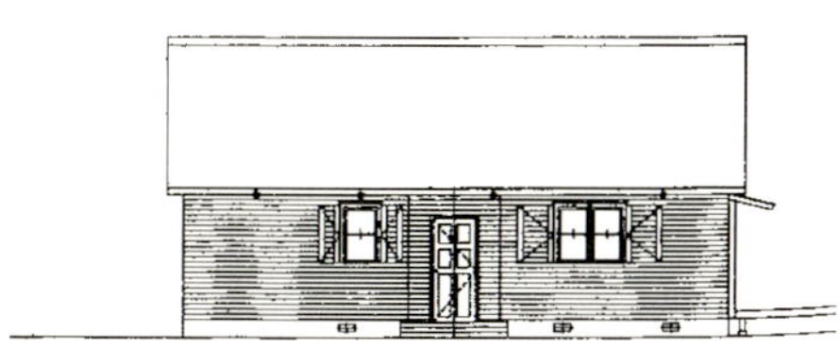

서측입면도

모든 재료는 피부호흡이 가능하고 접착제를 사용하지 않는 자연재료만 썼으며, 애초에 비닐크로스만큼은 쓰지 않겠다는 초기 목적을 달성했다. 별장은 평소에 닫아놓는 경우가 많기 때문에, 그 동안에 포름알데히드나 톨루엔 등과 같은 휘발성 물질이 증발해서 몸에 나쁜 영향이 미치지 않도록 처음부터 신경을 썼다. 내부와 외부의 창호도 차가운 알루미늄이나 접착제를 사용한 합판재는 피하고 반영구적인 목제로 된 문과 창을 설치했다.

_질에서 양으로

여기서 말하는 '자연재료'는 이용자 또는 디자이너의 '피부에 잘 맞는' 재료를 말한다. 피부에 잘 맞는다는 것은 좋은 재료를 의미하며, 좋다는 것은 그 사람의 체질과 재료의 성질이 잘 어울린다는 것을 의미한다. 이렇게 발상하는 방법 역시 '오감으로 발상'하는 방법이 된다.

그런데 그 다음이 중요하다. 좋아하는 것만으로 디자인을 완성시킬 수는 없다. 따라서 '질'quality이 정해지고 나면 '양'quantity에 관한 문제도 체크해야 하며, 기호에 대한 성능과의 밸런스 역시 중요하다.

성능에 대해서는 지진에 대한 기둥, 보, 토대 등의 구조적인 '내진성'. 비에 대한 지붕의 '방수성', 온도변화에 대한 외벽이나 창호 등의 '단열성', 지면으로부터의 습기에 대한 바닥구조의 '방습성' 등에 대해 양적인 체크가 필요하다. 그리고 하나 더 고려해야 할 것이 '비용'에 대한 양적인 체크가 필요하다. 몇 가지 예를 들어보면 다음과 같다.

1. 이 실내는 덥네	온도는 어느 정도?	℃
2. 이 방은 눅눅하네	습도는 어느 정도?	%
3. 이 벽은 차갑네	벽의 열관류율은 어느 정도?	kal/m^{2}h℃
4. 밖이 시끄럽네	벽의 차음성은 어느 정도?	dB(데시벨)
5. 공기가 탁하네	환기량은 어느 정도?	m^2/hr
6. 조명이 어둡네	조도는 어느 정도?	lx(룩스)
7. 피부가 거칠어졌네	포름알데히드의 양은 어느 정도?	ppm
8. 지금은 괜찮은데	코스트는 얼마나?	엔/m^2, 엔/kg, 엔/개

4 지형에서 발상하기

장소에서 발상

_부지 둘러보기

건축디자이너는 새로운 일을 받으면 먼저 그 부지에 가서 둘러보는 것부터 시작할 것이다. 그래서 그 부지가 어떤 곳인지 '오감'으로 느끼게 될 것이며, 그 부지에서만 느낄 수 있는 개성도 찾을 수 있을 것이다.

부지를 방문한 날이 맑은 날이었을 경우에는 비 오는 날도 꼭 가서 봐두어야 한다. 그래서 빗물이 어떻게 흘러내려 가는지를 확인한다. 어떤 장소에 대해 직접 가서 체험할 때에는 다른 감각도 복합적으로 이용하여 눈으로만 보지 말고 어떤 소리가 들리는지, 어떤 냄새가 나는지도 확인한다. 또한 낮에만 갈 것이 아니라 아침과 저녁에도 가서 해가 드는 방향이나 어두워지는 모습도 봐둔다. 보통 부지 방문은 일요일에 가는 경우가 많은데 근처에 초등학교 등이 있을 경우 평일에 소음이 많다는 것을 놓치는 경우가 있으므로 평일과 휴일 모두 가보도록 한다. 시간적으로 여유가 있는 경우 봄, 여름, 가을, 겨울을 모두 지켜보며, 주위에 어떤 꽃들이 피는지 등을 봐두면 '장소에서 발상'하는 경우 크게 도움이 될 것이다.

_지형 살리기

이제 '풍수'에 대해 좀 이야기해 볼까 한다. 풍수는 '그 장소를 살리는' 즉 그 지형의 좋은 점을 살린다는 사상이 있다. 필자는 풍수를 전부 믿는 사람은 아니지만 만일 풍수를 중요시 여기는 사람이라면 '원래 있던 지형'을 불도저로 밀어버리고 그 위에 건물을 짓는 일은 하지 않을 것이다.

동양에서는 자연경관과 조화를 이루어 사는 것이 장생과 행복으로 이어진다고 오랫동안 믿어왔다. 좀더 극단적으로 말하면 환경을 생활방식 자체로 여겼다. 이에 반해 크리스트교나 이슬람교 등의 서구에서는 어떻게 해야 자

column

[풍수]

'풍수'는 중국의 《사서오경》[24]이라는 책을 근거로 한 것이다. 때문에 '약속사항에서 발상하기'로 분류되어야 하지 않느냐고 반론을 제기하는 의견이 있을 수 있다. 물론 일리가 있는 말이지만 어떤 '장소의 좋은 점'을 찾아내기 위해서는 먼저 부지에 가서 자신의 오감으로 그것을 확인하는 것이 포인트이다.

형세학파

풍수는 당(7세기) 시대의 강남지방에 '형세학파'라 불리는 파에 의해 생겨났다고 한다(메사키 시게카즈(目崎茂和) 저, 《도설풍수학》). 이 학파는 고전적인 '용파(龍派)'의 논리를 계승하여 '용법'이라 불리는 법칙에 따라 산의 형태나 물의 흐름 등과 같은 지세를 중시하는 '풍수'를 주장했다.

방위학파

송대(11세기)에 이르러 팔괘(八卦), 성숙(星宿), 간지(干支) 등 천지의 운행 판단에 근거한 '방위학파'가 생겼다. 이 학파는 연월일, 계절 등을 방위에 겹쳐 이를 중앙에 방위자석을 붙인 복잡한 나침반으로 읽어 풍수의 좋고 나쁨을 판단했다.

메사키 시게카즈는 이 책에서 형세학파는 과학적 근거를 찾을 수 있지만, 방위학파는 과학적인 환경학과의 관련을 찾기 어렵다고 말했다.
물론 인간의 생활은 태양의 운행이나 계절의 변화 속에 있고 인생은 천지의 맥동에 감응하는지도 모른다. 그러나 이를 모두 시간방위로 바꾸어서 파악하는 데에는 무리가 있다.
필자 역시 시간을 12등분한 것과 방위를 12등분한 것을 합쳐서 만든 나침반을 사용하여 복잡한 판단을 하는 것에는 의문을 가지고 있다. 방위학파의 주장들은 이해하기 어려운 부분도 많아 점술로 여겨지기도 한다. '풍수'란 본래 음양도(陰陽道)이며 묘 자리의 좋고 나쁨을 점치는 기술을 말하는 것이었다. '가상(家相)'은 본래 집의 위치나 방향, 구조상의 길흉을 판단하는 기술이었다. 이것도 중국에서 전래된 풍습이다.

---

24) 사서오경(四書五經)
예기 중의 '대학', '중용' 두 편과 '논어', '맹자'를 총칭하여 사서라 한다. 유교에서 중시여기는 다섯 종류의 경전인 '역', '서', '시', '예', '춘추'를 총칭하여 오경이라 한다.

연을 극복하고 새로운 환경을 만들어갈 수 있는지에 대한 관점이 강하게 작용한다.

풍수의 기본원리는 '장풍득수(藏風得水)'에 있다고 할 수 있다. '풍수의 법은 물을 얻는 것이 우선이며 바람을 모으는 것은 그 다음'이라고 한다. 즉 '양질의 물'을 얻을 수 있고 '좋은 바람'을 얻을 수 있는 곳이 '좋은 땅'이라는 의미이다. 풍수를 건축디자인에 어떻게 적용하면 좋을지는 이처럼 '좋은 바람'과 '양질의 물'을 얻으려면 어떻게 해야 하는지의 두 가지 사항을 염두에 두고 디자인하는 것을 의미한다.

_히가시야마산사쿠(東山山麓)에서 배우기

'풍수'를 이용하여 '지형의 좋은 점'을 살린 성공적인 예를 교토에서 찾아보았다. 바둑판처럼 반듯하게 구획된 평지 부위는 왕도(王道)로서 애초에 풍수도시로 만들어졌는데, 여기서 주목해야 할 것이 히가시야마산사쿠(東山山麓)의 긴카쿠지(銀閣寺), 에이칸도(永觀堂), 난젠지(南禪寺), 쇼렌잉(靑蓮院), 지온잉(知恩院), 고다이지(高臺寺), 기요미즈데라(淸水寺), 도오후쿠지(東福寺) 등이다.

이 곳 지형의 좋은 점은 두 가지로 평가된다. 하나는 생명을 잘 보존한다는 관점에서 서식지로 적합한 것이고, 다른 하나는 보다 나은 삶을 살아간다는 관점에서 예술적 정원 만들기에 적합한 것이다. 산사쿠에서 흘러나오는 양질의 물과 지대가 약간 높아 좋은 바람을 얻을 수 있다.

풍수개념도

히가시야마산사쿠(東山山麓)에서 배우기

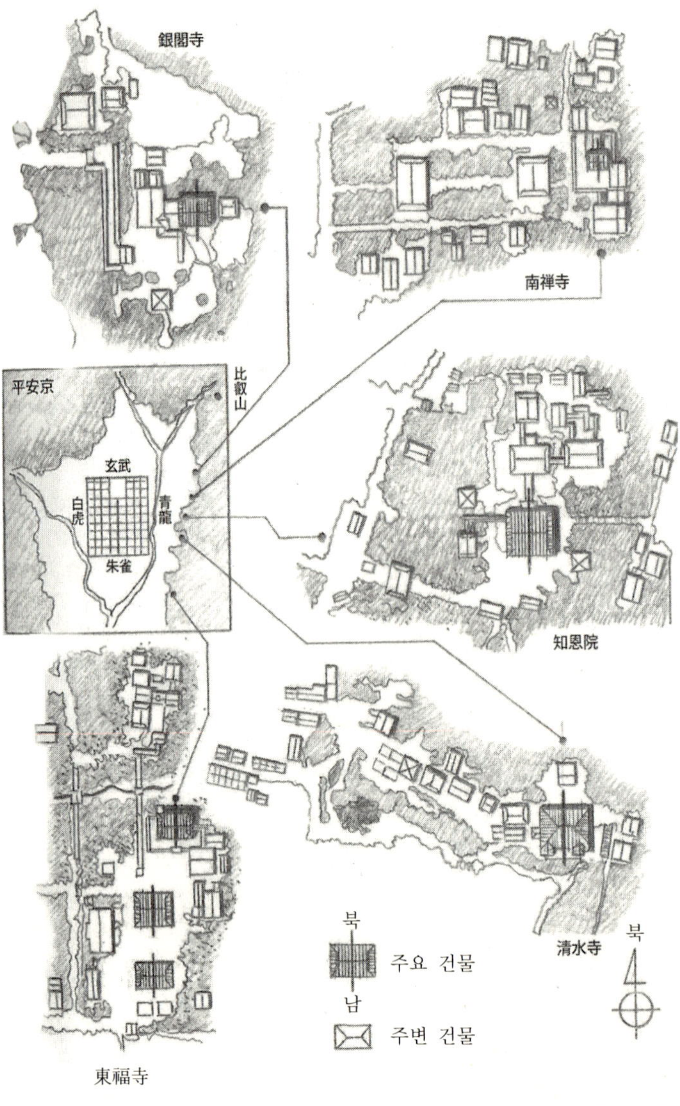

각 시설의 중심이 되어 있는 본당 등의 건물은 모두 '남북축'을 지키는 '확고한 풍수'가 적용되어 있다. 주목할 것은 주요 건물 주위에 '완화된 풍수'가 적용된 부엌이나 다실 등의 생활관련 건물들의 배치이다. 이들은 남북축을 신경 쓰지 않고 산사쿠의 미지형 각각의 장소를 중요시 여기면서 자유로운 배치로 계획되었다. 즉 이곳에는 풍수 본래의 '지형을 중요시한다'는 정신이 담겨 있다.

현대 교육에서 풍수를 적극적으로 가르치거나 배우는 경우는 없지만 히가시야마(東山)에서 '장소에서 발상'하는 디자인법을 배워둘 필요가 있다고 생각된다.

일본경관에서 발상

_장풍득수형 경관

일본 곳곳에 있는 아름다운 산, 계곡, 바다의 '자연경관landscape'을 거리의 '도시경관townscape' 으로 옮겨보면 어떨까 하는 것이다. 이 방법은 일본 각지의 훌륭한 자연경관이 있는 곳에 직접 가서 그 지형의 좋은 점을 오감으로 체험하고 파악하여 이를 도시경관에 응용하는 발상법이다.

이러한 발상법을 이용한 예를 소개하겠다. 예전에 이 아이디어로 설계공모에 응모하여 입상한 적이 있는 작품이다(다음 페이지 그림 참조). 이 도시경관의 아이디어는 일본삼경[25] 중 하나인 아키(安藝)의 '이츠쿠시마(嚴島)'이다. 이츠쿠시마 신사(神社)와 주변의 자연경관이 일체가 되어 더 없이 아름다운 절경을 이루고 있다. 안(案)을 내기 위한 곳은 동경만(東京灣)인데 이미지 기억에 저장되어 있는 것은 세토나이카이(瀨戶內海)의 풍경이었다. 이 풍경에는 '장풍득수형 경관'이라는 이름이 붙어 있다. 풍수지에서 나온 풍수법은 물을

---

25) 일본삼경(日本三景)
일본을 대표하는 세 가지 경승지. 아키(安藝)의 '이츠쿠시마(嚴島)', 미야기(宮城)의 '마츠시마(松島)', 탄고(丹後)의 '아마노하시다테(天橋立)'를 일컫는다.

일본경관에서 발상

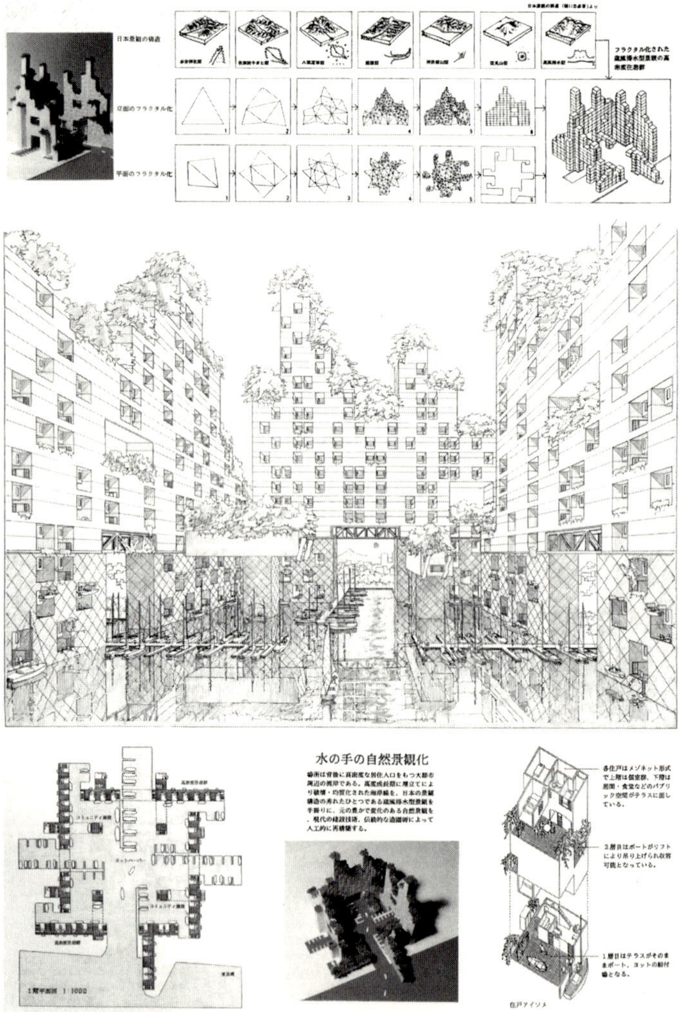

수로를 이용한 집 미야우지 가즈히코(宮宇地一彦) 설계

(일신공업건축설계경기, 신건축 1988년 1월호)

얻는 것을 우선으로 하고 바람을 모으는 것은 그 다음이라는 지형에 유래하고 있다. 이 지형의 이미지에서 도시의 형태를 발상한 것이다.

이츠쿠시마(嚴島) 신사의 경관

_랜드스케이프 도시

일본 각지에는 이 경관의 형태 외에도 훌륭한 예가 몇몇 더 있다. 이렇듯 훌륭한 풍경의 형태에 이름을 붙여 세계에 알린 책이 있어 소개하려고 한다. 히구치 타다히코(樋口忠彦)의 《일본의 경관》[26]이라는 책이다. 이 책에 의하면 형태에는 일곱 가지가 있는데, 추진주대화형(秋津州大和型), 팔엽연화형(八葉蓮花型), 수분신사형(水分神社型), 은국형(隱國型), 장풍득수형(藏風得水型), 신무비산형(神無備山型), 국견산형(國見山型)이다. 문학적으로 매우 훌륭한 이름이 붙어 있어 그 이름만 듣고도 디자이너가 어떻게 응용을 했는지 '이미지네이션=상상력'이 작용한다.

일본은 산지가 약 80%로 이루어진 산국(山國)이자 해국(海國)이기도 하다. 중앙의 산맥에 내린 비나 눈은 단시간에 바다로 흘러들어가기 때문에 세계의 4대문명을 일으킨 대하(大河)와 달리 중간에 개울, 급류, 연못 등이 있어 다양한 표정을 만들고 있다. 이러한 지리적 조건을 바탕으로 한 일본의 자연경관은 서식지에 적합한 계곡, 분지, 선상지를 만들어냄과 동시에 강한 인상을 남

26) 《일본의 경관-고향의 원형》 히구치 타다히코(樋口忠彦) 저.

랜드스케이프 도시

1

藏風得水型

4

国見山型

2

隱国型

5

八葉蓮型

3

水分神社型

6

秋津洲大和型

7

神無備山型 타운스케이프

기는 '고향의 이미지'도 만들어낸다. 이처럼 친근감 있는 '랜드스케이프'27)를 기초로 하여 타운스케이프28)를 만들어내려고 하는 것이 여기서 말하는 발상이다. 이름하여 '랜드스케이프 도시'이다.

_거꾸로 발상하기

건축디자이너는 건물의 시각적 형태를 정비하는데, 때로는 그곳에 살 사람에게서 형태가 조금 흐트러져도 좋으니 일사, 채광, 통풍 등이 좋은 '살기 편안함'을 우선으로 해달라는 요구를 받기도 한다. 일본에서는 이를 위해 일영규제29), 사선제한30), 일조권31) 등의 법률이 마련되어 있다.

언뜻 보기에 복잡하고 무질서해 보이는 일본의 도시 스카이라인은 이처럼 '살기 편안함'을 우선으로 하여 만들어낸 경관이 아닌가 싶다. 불규칙적으로

---

27) 랜드스케이프(landscape)
직역하면 '토지경관'이지만, 일반적으로 '풍경'이라고 해석된다. 주로 산, 계곡, 봉우리, 언덕 등의 지형(토지의 형태)을 말하는데, 동식물의 생태를 언급하는 경우도 있다. 이와 관련하여 '랜드스케이프 아키텍처'는 '조원(造園)'이라고 해석된다.

28) 타운스케이프(townscape)
'도시경관'이라고 해석된다. 서구의 경우 건조물의 스카이라인이 도시경관을 결정하는데 대해 일본에서는 수목이나 수면 등의 자연요소와 건물이 일체가 되어 도시경관을 만들어낸다. 현재 일본의 도시경관은 서구와 유사해지고 있으나 그럼에도 불구하고 서구처럼 시민들이 양해한 도시미학은 없는 상태로 건물이 계속 지어지고 있어 경관문제가 대두되고 있다.

29) 일영 규제
중고층 건물의 일영 제한을 말한다. 1976년 건축기준법에서 일조를 확보해야 하는 수평면의 높이와 동지일의 진태양시 일영 제한시간이 설정되었다. 원칙적으로 10m 이하의 건물은 일영도를 그리지 않아도 된다고 되어 있다.

30) 사선제한
도시계획구역 내에서 건축물의 높이 한도를 정하는 제한의 일종. 전면도로의 반대쪽 경계선까지의 거리에 비례한 높이를 곱한 것을 한도로 하는 것과, 인접 경계선으로부터의 사선을 한도로 하는 것의 두 가지가 있다.

31) 일조권(right to sunshine)
태양의 빛을 누릴 수 있는 권리. 남쪽에 지은 신축건물 등에 의해 일영의 영향을 받았을 경우 손해배상 청구가 가능한지 여부의 권리

보였던 도시경관은 산과 계곡이 있는 자연경관과 닮아 애착마저 느껴진다. 그런 이유로 '거꾸로 발상'하기를 하여 형태를 정비하는 것이 아니라 반대로 형태를 흐트러지게 하는 식의 경관 만들기를 해본다. 흐트러뜨릴 때에는 물론 일본의 자연경관처럼 아름답게 하는 것이다.

옥상녹화나 벽면녹화는 앞으로도 계속 추진될 것이기 때문에 건물 전체를 녹화하는 방향으로 하면 '랜드스케이프 도시'로 향하는 길도 그리 멀지 않을 것이다. 녹화는 공기의 열을 떨어뜨리는 효과가 있어서 '열섬(heat island)현상'을 해소하는 데에도 도움이 되고, 건물 표면에 새로운 자연을 재생시킴으로써 도시 내에 '자연의 댐'을 만드는 것도 가능하다.

_일본의 미의식

그런데 '형태'를 흐트러뜨릴 때 머릿속에 떠오르는 것이 서구풍의 '미학'으로 정의된 기하학적인 형태의 것들이 많다. 예를 들면, '중심축=central axis', '정면성=frontality', '좌우대칭=symmetry', '비례=proportion' 등을 고려한 형태들이다.

'형태가 흐트러졌다'고 할 때의 '형태'란 서구풍의 기하학으로 뒷받침된 '미학적인 형태'가 의식 중에 있었고, 그런 의미로 사용되는 경우가 있다.

일본에서는 서양과 같은 기하학적으로 정의된 형태 외에도 일본인이면 누구나 이미지 속에 '이건 아름답다'고 느끼는 형태를 가지고 있는 것이 분명하

좌우비대칭

좌우대칭

좌우대칭과 비좌우대칭

다. 즉 '미의식'을 가지고 있는 것은 쉽게 추측할 수 있다. 예를 들면, 다음 그림과 같이 서양의 미적 용어에 대해 일본의 건물에는 '비…'라는 표현이 사용되고 있다. 일본의 미적 가치는 서양의 가치의 부정형으로는 나타낼 수 없을 것이다.

일본에는 일곱 가지의 '아름다운 자연경관 형태'가 있다는 것이 토목분야에서 밝혀졌으며, 이 형태 속에 있는 일본 고유의 미의식을 계기로 자연경관에 가까운 '도시경관'을 고려해 보는 것도 건축디자인의 한 방법이 아닐까 싶다.

'지형학'[32]이든 기하학[33]이든 이들 단어에는 토지라는 의미의 geo…가 붙는다. 지형을 있는 그대로 사용할 것인지 추상화하여 사용할 것인지의 차이로 생각한다면, 있는 그대로 사용하는 방법도 있다고 할 수 있다.

_가설 설정으로의 길

'랜드스케이프 도시'라는 아이디어는 개인적인 체험에서 발상된 정도를 나타내지는 않는다. 개인적인 것은 왠지 불안한 느낌이 든다. 불안하지만 머릿속에 있는 아이디어를 어떻게든 스케치(이미지 표현)와 컨셉(언어 표현)으로 나타내 본다. 그리고 망설이지 말고 세상에 물어본다. 만일 평가를 얻을 수 없다면 그 아이디어는 버린다. 얻어질 확률이 조금이라도 있다면 일반화시킬 수 있는 길을 찾아본다.

'오감으로 발상'하는 방법은 개인의 이미지 기억이 바탕이 되고 있기 때문

---

32) 지형학(geography)
지표의 형태 및 성인(成因)·변천을 연구하는 학문. 지리학의 한 부문이다. 토지의 기복이나 형태 외에 수계(水系), 식물분포 등도 검토대상이 된다. 건축의 부지 모형을 만들 때에는 등고선으로 표시된 고저차를 알 수 있는 지도를 필요로 한다.

33) 기하학(geometry)
수학의 한 부문. 물체의 형태, 크기, 위치 등 공간에 관한 성질을 연구하는 학문. 건축도면 작성에는 기하학이 필요불가결하다. 또한 파스칼이 말한 것처럼 원리에서 논증해가는 합리적인 추론 정신을 기르는 데 적합한 학문이라고 한다.

에 다른 사람에게 이해시키기 어려운 경우가 많다. 만일 제안된 안에 대해서 한 사람 두 사람 찬성하는 자가 나타나고 점차 많은 사람들에게서 지지를 받게 된다면 특수귀납에서 일반귀납으로의 길을 여는 것도 어렵지 않을 것이다.

3 기발함으로 발상하기

에게해의 민가 / 발상의 힌트는 의외로 일상생활 속에 있었다……

'기발함으로 발상' 하는 방법은 이제까지 누구도 생각지 못한 '새로운 생각' 을 얻는 방법이다 '약속사항에서 발상하기' 나 '오감으로 발상하기' 도 이제까지 없던 새로운 생각을 얻는 방법이 있었다. 하지만 이들보다 더 창조적이고 미래지향적인 아이디어를 생각해내는 방법이다. 그런데 '방법' 이라고 말할 수 있기 위해서는 '순서' 가 정해져 있어야 한다. '약속사항에서 발상하기' 나 '오감으로 발상하기' 에도 나름대로의 순서가 있었으며, 이 방법 역시 마찬가지로 순서가 있다.
이 같은 능력이 천재에게만 있고 평범한 사람이라 해서 없다고는 말할 수 없다. '기발한 재치' 라는 것이 어떤 것인지, 뇌 안에서 일어나는 사항에 대하여 이미지에 '앞뒤' 를 정하고, 언어에 의한 '전후관계' 를 정하면서 설명해보고자 한다. 또한 이 방법은 '가설 설정' 이 힌트가 된다.

3 거장들의 기발함

르 코르뷔지에

_근대건축의 5원칙

'기발함'이라는 것을 알기 쉽게 설명하기 위해서는 르 코르뷔지에[1]의 《근대건축의 5원칙》 Five principles of modern architecture(다음 페이지 그림 참조)를 들어 설명하는 것이 가장 좋을 듯하다. 그를 거론하는 이유는 다음과 같은 이유에서이다.

① 그가 생각해낸 아이디어에는 바로 '가설 설정'에 어울리는 이제까지 없던 새로운 것을 생각한다는 것을 알 수 있기 때문이다.

② 그가 남긴 훌륭한 스케치와 적확한 컨셉에서 아이디어를 어떻게 표현해야 하는지 잘 이해할 수 있기 때문이다.

③ '기발함으로 발상(가설 설정)'하기 위해서는 '약속사항에서 발상하기(연역)'와 '오감으로 발상하기(귀납)'의 두 가지가 필요한데 그의 사고방법에서 이들을 알 수 있기 때문이다.

④ 그가 생각해낸 아이디어는 아직도 오래되었다는 느낌이 들지 않기 때문이다. 또한 우리가 살고 있는 현대의 건축디자인에도 이어져 있기 때문이다

1) 르 코르뷔지에(Le Corbusier)
1887~1965. 스위스 태생의 프랑스 건축가, 조각가, 화가. 주요 저서로는 《건축을 향해》 가 있다. 파리에 있는 페레의 사무소, 베를린에 있는 베렌스의 사무소에서 실무를 쌓고, 일찍이 도미노 방식의 주택을 제안하여 양산화를 꾀함과 동시에 파리개조계획 등과 같은 도시계획에도 새로운 견해를 제시하였다. 작품에는 사보이 저택, 마르세유의 아파트, 롱샹교회당, 도쿄의 국립서양미술관 등이 있다.

근대건축의 5원칙

	새로운 약속사항	오래된 약속사항

1 필로티

2 자유로운 평면

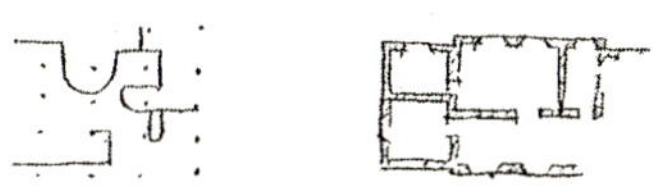

3 옥상정원

4 자유로운 파사드

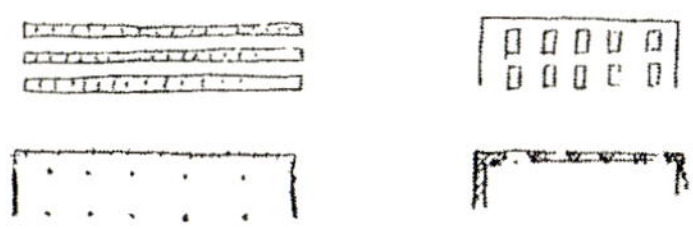

5 수평 연속창

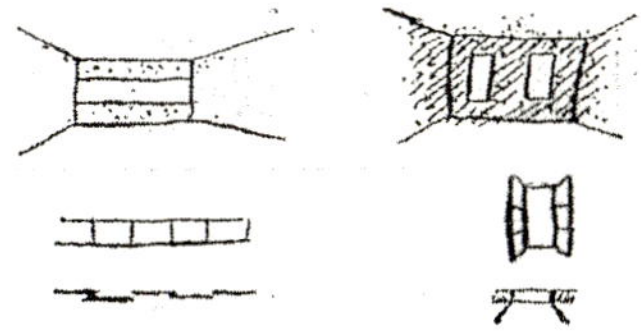

_약속사항에서 발상하기

이제까지 없던 새로운 아이디어가 번쩍 떠올랐을 때, 무엇에 대해서 새로운 것인지 그 넘어야 할 대상을 명확히 의식해야 한다. 20세기 초, 르 코르뷔지에가 젊었던 시절에는 '조적조'가 일반적이었다. 당시에는 오더를 사용한 건축이 진정한 건축이라고 여겼던 시대였다. '콘크리트나 철근'은 아직까지 낯선 재료였고 다리, 공장, 창고, 박람회에 사용하는 것은 적합하지만 사람이 사는 주택이나 공공건축을 짓는 데에는 야만스럽다고 여기던 시대였다. 하지만 이러한 근대재료와 공학기술[2)]을 주택이나 공공건축에 사용할 수 있다고 직감적으로 예리하게 꿰뚫어 본 사람이 바로 르 코르뷔지에였다.

'부위에서 발상하기' 편에서 설명했던 '독립골체와 피막'으로 만든 것이 앞으로 새로운 시대의 제작방식이라고 선언함으로써 새로운 약속사항을 세우게 되었다. 그 결과 '조적조'는 '오래된 약속사항'이 되어 버렸다. 이러한 약속사항의 교대극을 '약속사항에서 발상하기'로 생각해 보자. 정리해 보면 다음과 같이 된다.

1. 오래된 약속사항............고전주의.........조적조로 만드는 방식
2. 새로운 약속사항............근대주의.........독립골체와 피막으로 만드는 방식

독립골체

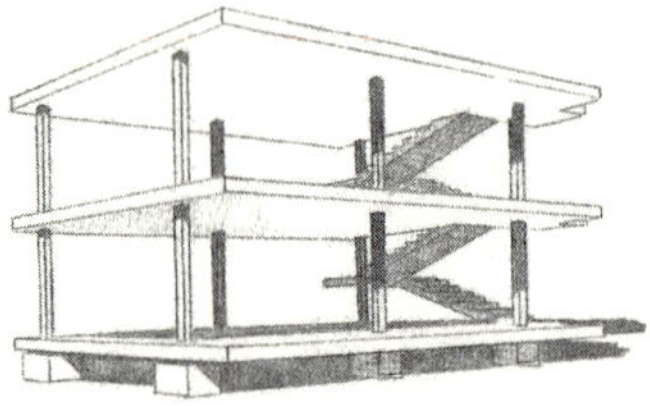

---

2) 공학기술(engineering)
엔지니어링이라고도 함. 이 외에 과학과 기술을 합하여 '과학기술'이라고 말하는 것이 있는데, 과학은 새로운 법칙을 발견하는 데 주안을 두고 기술은 새로운 것을 발명하는 데 주안을 둔 점이 다르다.

_오감으로 발상하기

이제까지 없던 새로운 아이디어를 떠올리기 위해서는 새로운 '2종류의 정보[3]'가 필요했다. 그 중 하나가 '살아있는 정보'였는데, 르 코르뷔지에만이 알고 있던 살아있는 정보란 어떤 것이었을까?

_살아있는 정보 1(역사적 유산)

르 코르뷔지에는 20대 초반에 지중해 연안의 고대 그리스, 로마, 비잔틴, 이슬람 등의 역사적 건물을 직접 '발'로 찾아다니며 '눈'으로 확인하고 '손'으로 스케치하면서 여행을 다녔다. 이렇게 체험한 '이미지 기억'을 '언어'로 바꿀 수 있던 것이 르 코르뷔지에만이 알고 있는 '살아있는 정보'이다.

_살아있는 정보 2(기계)

르 코르뷔지에가 살았던 시대의 파리, 런던, 뉴욕에서는 최신 교통기관인 자동차, 호화여객선, 비행기 등이 누비던 때였다. 이것들을 총칭하여 '기계'라고 부르겠다. 르 코르뷔지에는 기계의 미래적 가능성을 직접 피부로 느꼈던 것이 틀림없다. 이 같은 기계의 모습은 그 시대에 살았다는 것만으로 오감을 통해 자동으로 이미지 기억에 저장되었을 것임에 분명하다. 그는 이러한 이미지에서 '주택은 생활하기 위한 기계다(Dwelling is a machine to live in)'라는 유명한 말을 남겼다.

---

3) 2종류의 정보
하나는 일반적으로 정보라 불리는 인터넷이나 서적 등에서 얻을 수 있는 것이며, 다른 누군가에 의해 이미 '문자정보'가 된 것이다. 또 하나는 오감을 통해 얻은 이미지 기억을 자신의 언어로 해석하여 만든 '살아있는 정보'이다. 전자를 '외부정보', 후자를 '내부정보'라고 부르는 경우도 있다.

살아있는 정보(역사적 유산)

새로운 아이디어

오감으로 경험한 역사적 유산

옥상정원

여행에서 본 주거

자유로운 평면

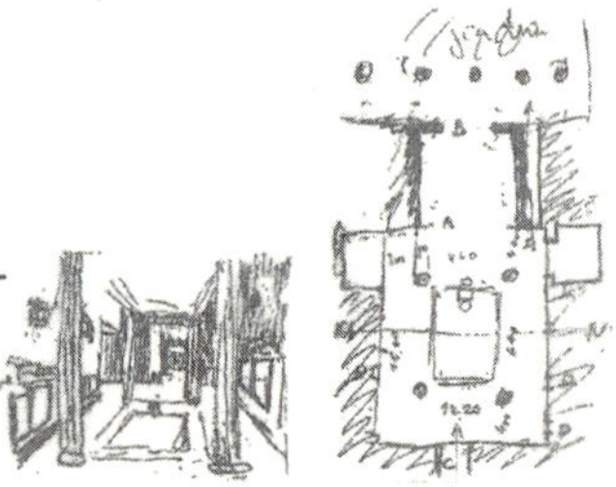

고대주거유적

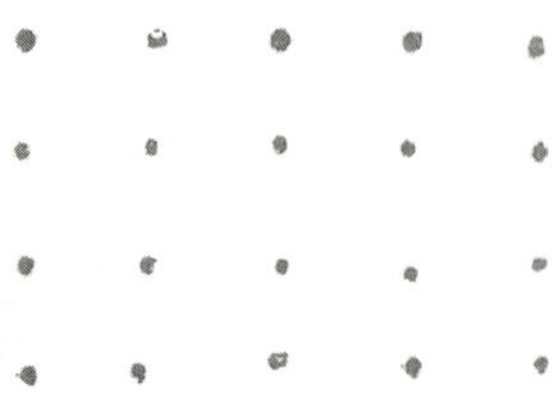

필로티

고대신전의 열주

살아있는 정보2(기계)

새로운 아이디어	오감으로 유명한 역사적 유산

수평 연속창

배의 수평 연속창

옥상정원

배의 브리지

필로티

복엽기(複葉機)의 지지붕

_기발함으로 발상하기

르 코르뷔지에가 젊었을 당시는 마침 '근대=modern'가 시작되려고 하던 시대였다. 당시의 신선한 분위기 속에서 이제까지 없던 새로운 것을 생각해내길 원했을 것이다. 그래서 생겨난 것이 '근대건축의 5원칙'이라는 아이디어였다.

1. 필로티

2층에서 위의 볼륨 있는 공간을 1층의 개방적 열주로 지지하는 방법이다. 도미노시스템 발명이 이를 가능하게 했다. 조적조의 경우는 아무래도 하층의 벽이 두꺼워진다. 아마도 그리스 신전의 '열주'나 복엽기에서 날개를 잇는 '지지봉'의 이미지가 이 아이디어를 탄생시키는 데 도움이 되었을 것으로 여겨진다.

2. 옥상정원

조적조의 경우 지붕에 구배를 잡는데, 독립골체는 '편평한 지붕=flat roof'을 가능하게 하였다. 르 코르뷔지에는 그 위에서 생활을 할 수 있고 식물을 심을 수도 있는 부가가치를 부여하는 데 성공했다. 비나 눈이 많은 알프스 북부의 구배지붕이 있는 지역에서 그 누구도 예상치 못했던 '지붕에서의 라이프스타일'을 제안했다. 아마도 알제리에서 본 '사막의 주거' 이미지가 도움이 되었을 것으로 여겨진다.

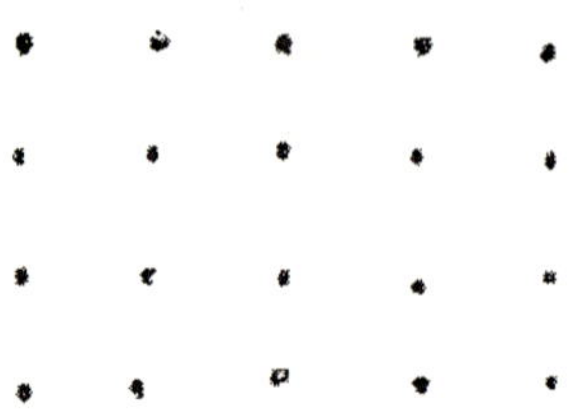

3. 자유로운 평면

조적조에서는 마치 어미거북 위에 새끼거북을 올려놓은 것처럼 기둥과 벽이 상하층의 같은 위치에 온다. 그 결과 상하층 모두 같은 플랜으로 계획된다. 독립골체에서는 기둥의 위치가 상하층 모두 같더라도 가벼운 '칸막이벽'에 의해 방을 자유롭게 구획할 수 있게 되었다. 오늘날 집합주택의 '스켈톤과 인필(skeleton & infill)'이라는 원리의 시초이다.

4. 자유로운 파사드

조적조에서는 기둥이든 벽이든 동시에 쌓아올려야 하기 때문에 미리 면밀하게 벽면 디자인을 해두지 않으면 안 된다. 반면에 도미노시스템에서는 독립골체를 먼저 건설해두고 나중에 피막을 설치하는 것이 가능하다. 여기에 '자유로운 파사드'의 비밀이 숨겨져 있다. 이는 오늘날에도 같은 원리이다.

5. 수평 연속창

조적조에서는 밑에서부터 점차 돌을 쌓아 올라가기 때문에 창을 크게 하려면 수직방향으로 밖에 할 수 없다. 그렇게 한 예가 고딕양식에서 볼 수 있는 세로로 긴 스테인드글라스이다. 이에 반해 독립골체로 자유로워진 피막은 개구부를 가로로 길게 내는 것을 가능하게 했다. 그 힌트는 철판으로 만든 여객선의 '가로로 긴 연속창'에 있었다.

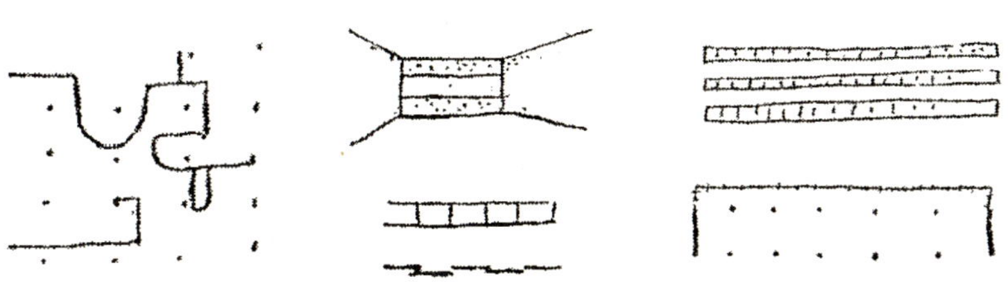

_이미지를 자유롭게 배치

그런데 '발상'이라는 것의 비밀 중 하나는 이제까지 서로 상관없다고 여겼던 '어떤 이미지'와 '다른 이미지'의 새로운 만남에 있다. 이들이 만나기까지는 이미지가 서로 자유롭게 배치되어야 한다. 그렇다면 르 코르뷔지에는 전혀 상관없어 보이는 '역사적 유산'과 '기계'를 어떤 식으로 배치시켜 이들을 만나게 했을까?

그는 건축가가 되기 전에 스위스의 공예대학에서 장식공이 되기 위해 기술을 배운 적이 있다. 그 때 사사받은 스승에게서 다양한 것을 '스케치=사생' 해 보는 것이 중요하다는 것을 배웠다. 그리고 나서 그는 만나게 되는 고대건축에서의 패각, 컵, 태양, 소에 이르기까지 장르에 상관없이 계속해서 스케치에 몰두했다. 또한 과거와 현재의 건축에서도 '통시적'[4]인 시대에 상관없이 '공시적'으로 나열하며 그려나갔다. 당시의 모습은 그의 저서인《건축을 향해》[5]와《르 코르뷔지에 작품집 전8권》에서 볼 수 있다.

처음엔 서로 상관이 없다고 여겼던 것을 자유롭게 배치시키면서 '어떤 이미지'와 '다른 이미지'가 앞으로 새로운 시대의 건축을 고려해야 한다는 사명감을 바탕으로 '선 배치'가 되어 결합되었다. 바로 이 '결합'이 '기발함'의 원리이다.

---

4) 공시적/통시적(synchrony/ diachrony)
소쉬르 언어학의 기본개념 중 하나. 언어의 공시적인 상태란 말하는 사람의 의식 중에 있는 것이며 하나의 체계를 이루고 있다. 이에 대해서 통시적인 상태는 언어를 시간의 흐름에 따라 말하는 것을 통해서만 가능해진다.

5)《건축을 향하여》(VERS UNE ARCHITECTURE)
르 코르뷔지에 저. 저자가 이상(理想)으로 여기는 건축의 발상법에 대해 쓰여 있다. 내용은 공학기사의 미학·건축, 건축가들에 대한 각서, 지표선, 보이지 않는 눈, 건축, 양산주택으로 구성되어 있다. 현대건축의 루트를 잘 알 수 있는 책이며, 건축디자인을 지향하는 사람이라면 꼭 한 번 읽어볼 필요가 있다.

르 코르뷔지에의 스케치

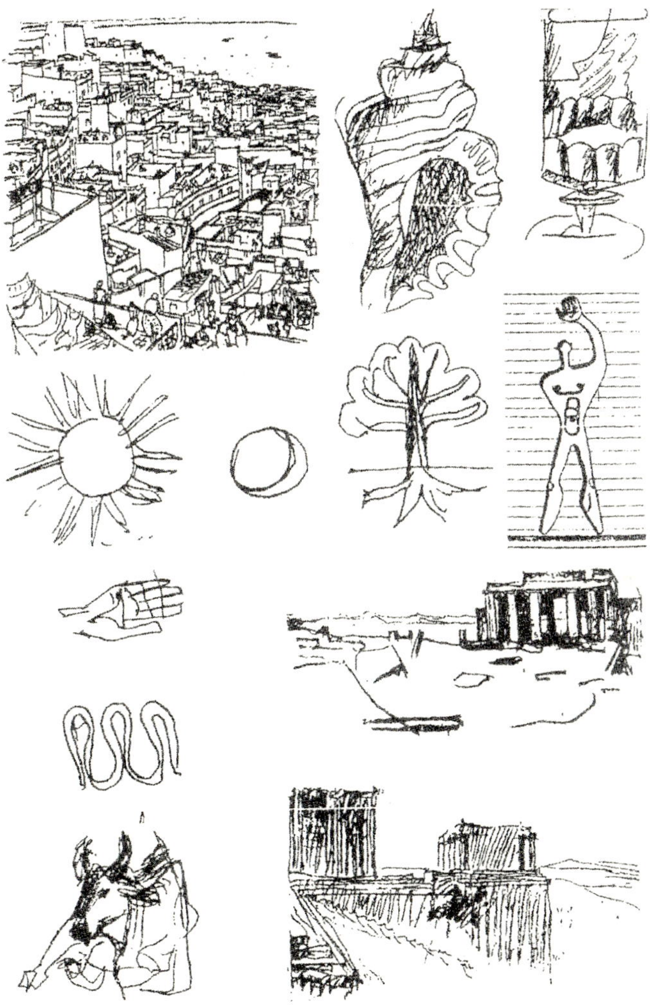

르 코르뷔지에의 작품집에서 발췌

공통점

_3인의 건축가

근대를 대표하는 건축가는 르 코르뷔지에 뿐만 아니라 라이트, 미스 등도 있다. 거장이라 불리는 이들은 각각 다른 개성을 발휘했는데, 공통된 아이디어도 볼 수 있다. 즉 그냥 보면 각각 다른 스타일처럼 보이지만 공통된 점이 있다는 것이다. 이 같은 공통점을 검증함으로써 근대주의에서는 무엇이 새로운 것이었는지, 그 이전인 고전주의의 무엇을 초월했는지를 알 수 있다.

그리고 한 걸음 더 나아가서 현대를 살아가고 있는 우리는 어떻게 아이디어를 내야 하는지 그들에게서 배울 수 있다.

우선 이들 건축가의 이름과 작품을 들어보는 것부터 시작하겠다. 그들이 각각 관심을 보였던 재료도 함께 살펴보기로 한다. 판유리는 어느 작품에나 공통적으로 사용되었기 때문에 생략한다.

1. 라이트[6]........................(로비 저택[7] ....목재)
2. 미스[9]...........................(판스워스 저택[10] ....강철)
3. 르 코르뷔지에..............(사보이 저택[8]........................콘크리트)

6) 라이트(프랭크 로이드 라이트, Wright, Frank Lloyd)
1867~1959. 미국의 건축가. 초기의 대표작으로 로비 저택(프레리양식)이 있고, 도쿄의 제국호텔은 그 연장선상에 있다. 중기의 대표작으로는 낙수장(落水莊), 후기의 대표작으로는 구겐하임미술관이 있다. 초기 이후 일관적으로 유기적 건축을 주장하며 개성적인 작품을 남겼다.

7) 로비 저택(Robie House)
1909년. 시카고 교외에 지어진 라이트의 프레리하우스(초원주택)의 대표작. 깊은 처마의 돌출, 흐르는 듯한 지붕, 연돌의 수직선, 동선을 굴곡시켜 유도한 방법, 거실에서 일거에 개방하는 시선 취급, 조형가구 등 라이트의 수법을 잘 볼 수 있다.

8) 사보이 저택(Villa Savoye)
1931년. 르 코르뷔지에 설계. 파리 교외의 포워 시에 '근대건축의 5원칙'에 의해 지어진 주택. 1층은 필로티로 둘러져 있으며 차고, 현관홀, 종업원실 등으로 구성되어 있다. 2층에는 거실, 침실, 주방, 욕실 등의 주 실이 있고 거실에서 직접 옥상정원으로 나갈 수 있게 되어 있다. 또한 슬로프로 3층의 옥상정원으로 올라갈 수 있게 되어 있다.

9) 미스(미스 반 데 로에, Mies van der Rohe, Ludwig)
1886~1969. 독일 태생의 미국 건축가. P. 베렌스 사무소에서 근대재료와 구조를 공부하고 강

_아이디어의 특징

거장들의 작품에는 근대주의를 대표하는 세 가지의 아이디어를 공통적으로 볼 수 있다. 현대에는 그리 드물지 않게 볼 수 있는 것들이지만 당시만 해도 획기적인 아이디어로 비쳤을 것이다.

(근대주의) (고전주의)

1. 캔틸레버........................외벽은 1층이나 2층이나 같은 위치에 온다.
2. 코너의 개방..................코너를 견고하게 한다.
3. 흐르는 내부공간............한 방씩 독립되게 만든다.

이 같은 아이디어의 획기성을 이해하기 위해 고전주의의 3가지 특징을 그림으로 나타내보았다. 이탈리아의 바로크 건축가인 팔라디오[11]의 《건축사서》에서 고전주의의 특징을 나타낸 것을 골랐으며, 근대주의의 특징은 이는 점에 주목하기 바란다. 같은 특징을 뒤엎은 데에 있다.

고전주의의 특징은 '돌이나 벽돌'을 쌓아올려 만드는 '조적조'에 유래하고 있다. 한편 근대주의의 특징은 '콘크리트, 철강, 판유리' 등에 의해 가능해진 '독립골체와 피막'에 유래하고 있다. 이러한 '구법의 차이'가 세 가지 아이디어의 차이가 되어 표현된다는 점에 주목하기 바란다.

철과 유리로 된 마천루 제안, 바르셀로나 만국박람회의 독일관 등이 있다. 바우하우스의 교장을 역임하고 미국으로 건너가서는 일리노이공과대학 교수를 맡았으며 설계활동도 왕성하게 했다.

10) 판스워스 저택(House for Dr. E. Farnsworth)
1950년. 미스가 건축한 주택의 대표작. 일리노이 주에 있는 작은 마을의 강가에 여의사의 의뢰로 지어진 주택. 바닥슬래브와 지붕슬래브를 4쌍의 기둥으로 지지하고 있으며, 외벽 전면을 유리로 덮고 중앙의 코어에만 칸막이벽이 있다. 한 단 낮은 테라스는 홍수가 났을 때 선착장으로 사용할 수 있다.

11) 팔라디오(Paradio Andrea)
1508~1580. 이탈리아의 후기 르네상스 건축가. 로마에 체재하면서 고대로마 유적과 비트루비우스에 대해 연구하고 후세에 그의 이름을 알리게 된 《건축사서》를 집필했다. 건축작품으로는 단정하고 엄격한 고전형식의 팔라초 키에리카티, 빌라 로툰다 등이 있다.

근대주의의 새로움(라이트)

프랭크 로이드 라이트

특징→1. 캔틸레버
2. 코너의 해방
3. 흐르는 내부공간

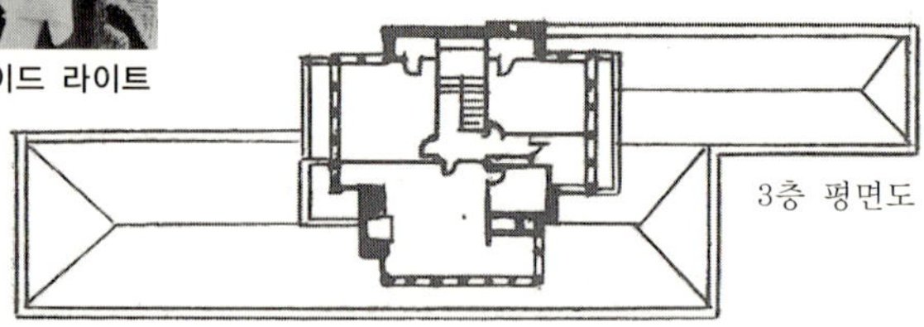

3층 평면도

코너

특징2●코너에 기둥이 없지만 이부분이
코너의 해방으로 되어 있다.

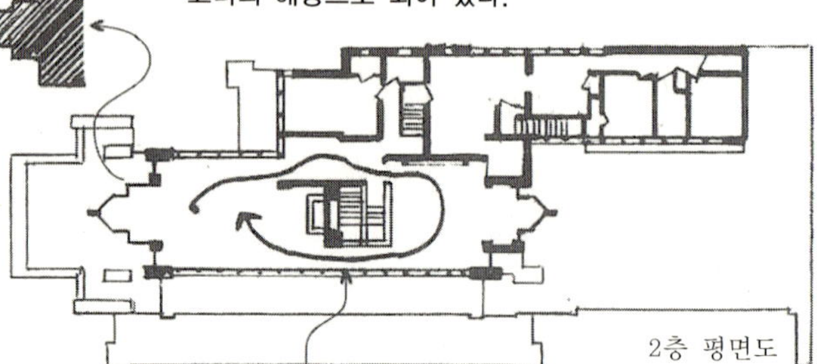

2층 평면도

특징3●흐르는 내부공간

특징1●긴 덮개가 캔틸FP버로
되어 있다.

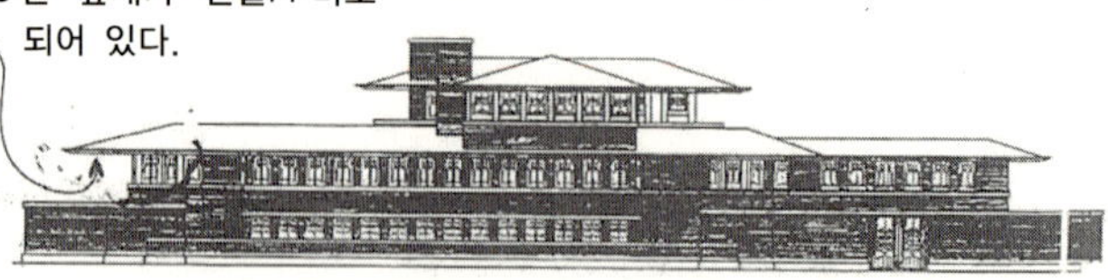

입면도

단면도

근대주의의 새로움(미스)

미스 반 데어 로에

특징→1. 캔틸레버
2. 코너의 해방
3. 흐르는 내부공간

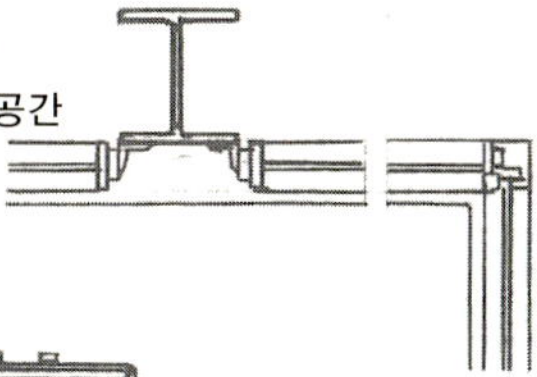

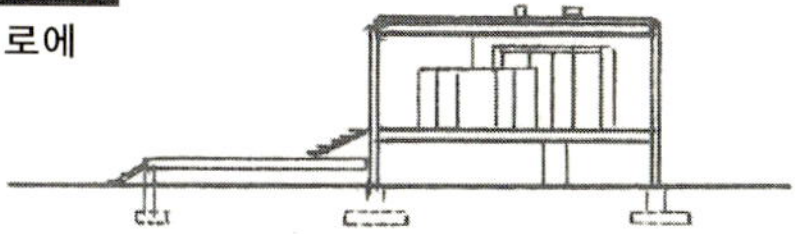

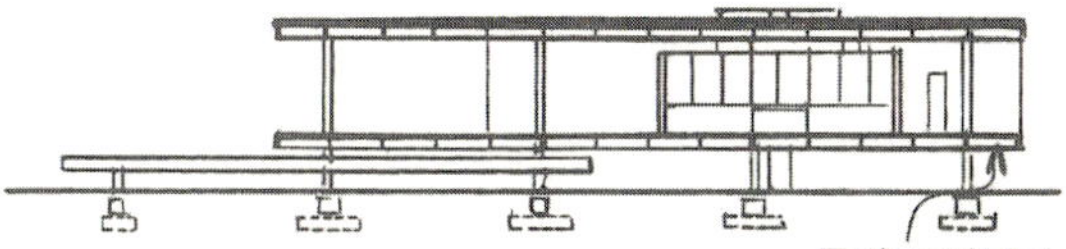

특징1●바닥이 캔틸레버로 되어있다.

특징3●중앙의 설비코어 주위가 흐르는 내부공간으로 되어 있다.

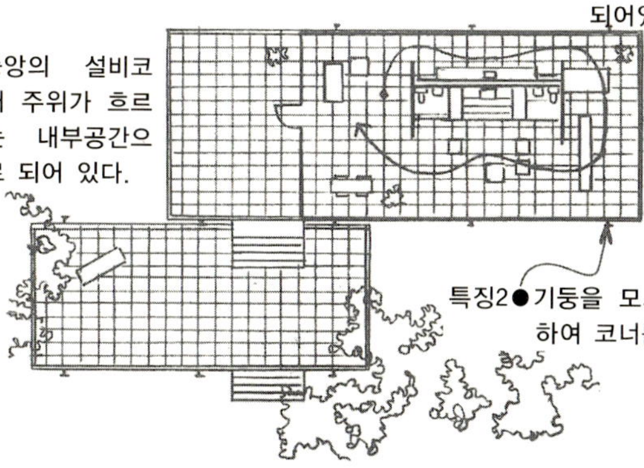

특징2●기둥을 모서리보다 들어가게 하여 코너를 개방시켰다.

근대주의의 새로움(르 코르뷔지에)

르 코르뷔지에

특징→1. 캔틸레버
2. 코너의 해방
3. 흐르는 내부공간

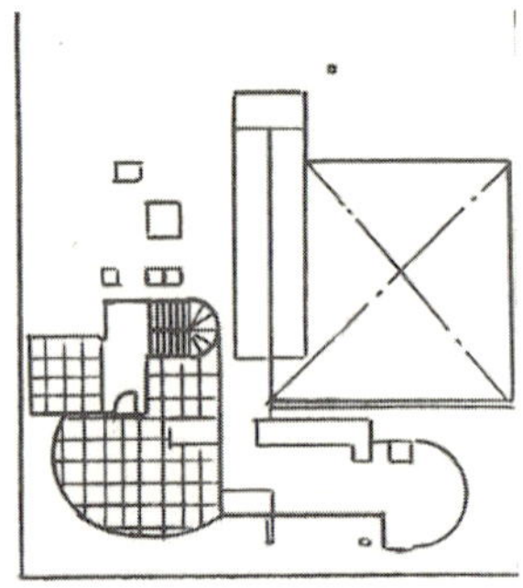

특징3● 거실과 옥상정원이 흐르는 공간으로 연결되어 있다.

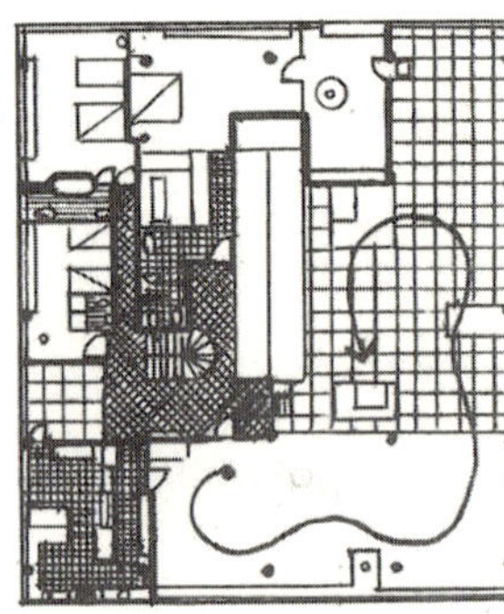

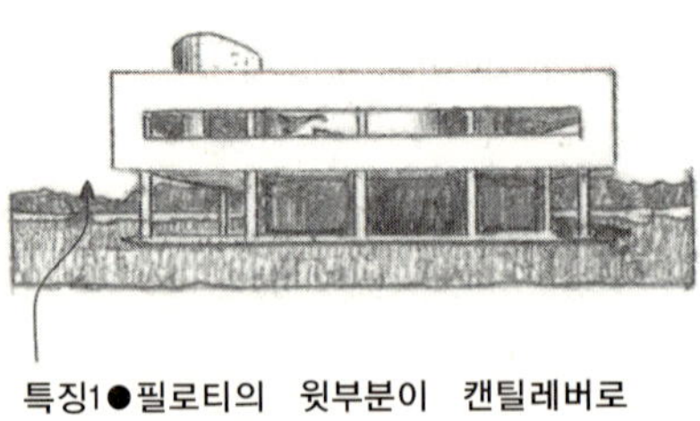

특징1● 필로티의 윗부분이 캔틸레버로 되어 있다.

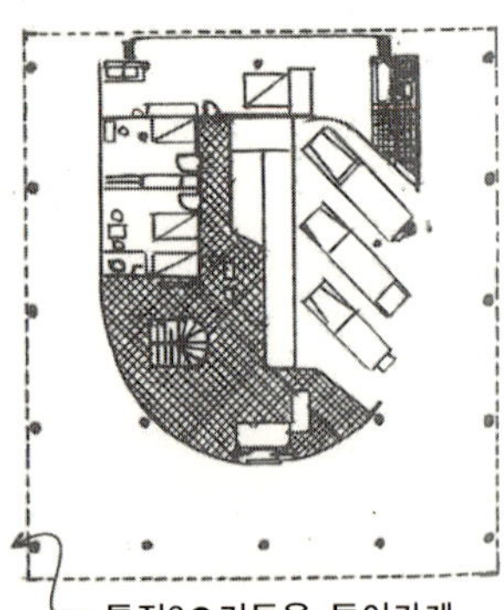

특징2● 기둥을 들어가게 하여 코너를 개방시켰다.

고전주의의 특징

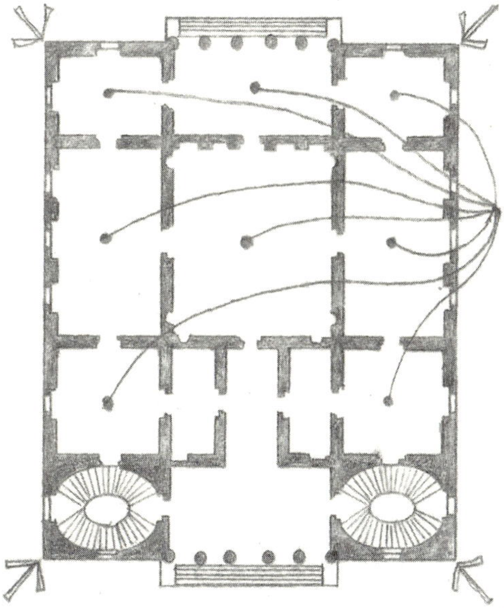

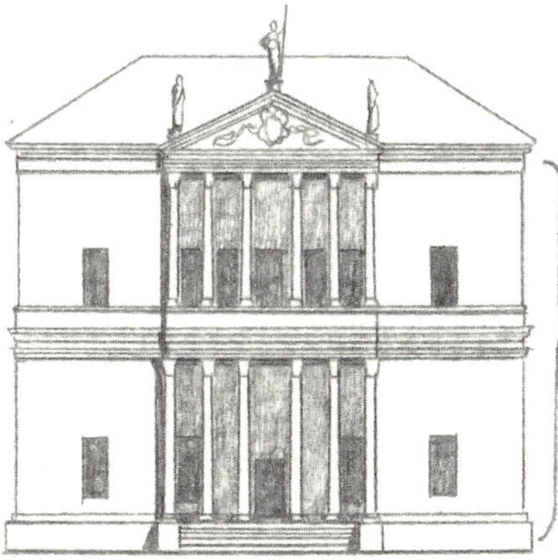

팔라디오 저《건축사서》에서

_특징 1(캔틸레버)

우리말로는 '외팔보'라고 한다. 미스나 르 코르뷔지에의 입면도를 보면 모두 2층이 1층보다 튀어나와 있음을 알 수 있다. 라이트의 경우는 바닥이 아닌 지붕이 벽에 비해 극단적이랄 만큼 튀어나와 있다. 고전주의 건축은 조적조이기 때문에 외벽이 위층으로 갈수록 안으로 들어가게 된다. 조적조에서는 상부를 비행기 날개처럼 몸체에서 바깥으로 튀어나오게 하는 것은 상상도 못했을 것이다.

일본에서는 목조에 의한 주량구조가 주류를 이루어 처마 끝을 깊이 튀어나오게 하거나 가츠라리큐(桂離宮)처럼 경쾌한 주열(柱列)에 의해 바닥을 공중에 떠 있는 것처럼 보이게 하는 것이 그리 어려운 일이 아니었다.

특징 2(코너의 개방)

조적조에서는 모서리를 튼튼하게 굳히지 않으면 역학적으로 견뎌내지 못한다. 또한 궁전이나 성곽은 전쟁시 적병의 공격을 예상하여 바깥모서리의 코너를 특히 견고하게 만들었다.

르 코르뷔지에와 미스는 건물 코너에 기둥을 두면 안정되는데도 불구하고 일부러 코너에서 후퇴하여 기둥을 세웠다. 라이트는 지붕의 튀어나온 모서리 부분을 오목하게 만들어 투명한 코너가 있는 것처럼 디자인했다. 세 건축가 모두 코너를 해방시키려는 디자인 의도가 있었음을 알 수 있다.

일본의 목조에서는 모서리의 기둥을 취해 코너를 개방적으로 하거나 바깥모서리와 장자(障子)를 맞대어서 양쪽으로 들어가게 하여 투명한 코너를 만드는 수법이 자주 사용되었다. 서구에서는 유리와 유리를 맞대어 투명한 바깥모서리를 만드는 것은 큰 판유리가 공장생산 되기까지는 불가능했다.

_특징 3(흐르는 내부공간)

일본에서는 기둥만 남기고 리폼하거나 연회에서 맹장지를 모두 빼내고 큰 홀을 만드는 것이 비교적 간단한 편이다. 하지만 조적조에서는 각 방이 돌로 된 두꺼운 칸막이벽으로 분절되어 있다.

독립골체로 가능해진 것은 '흐르는 내부공간'이었다. 로비 저택에서는 중앙의 난로 주위가 '흐르는 내부공간'으로 되어 있다. 판스워스 저택에서는 중앙의 설비코어만 프라이버시를 유지할 수 있게 되어 있고, 주위는 오오이소(大磯) 프린스호텔의 풀(pool)처럼 '흐르는 내부공간'으로 되어 있다. 서구의 전통적이고 견고한 '방의 개념'이 없어진 것이다. 사보이 저택에서는 거실과 큰 판유리로 구획된 옥상정원 사이가 '흐르는 내부공간'으로 되어 있다. 세 건축가 모두 수법은 다르지만 같은 시대정신에 의한 '흐르는 내부공간'을 만들어냈다.

_기발한 뇌

이제 '기발함으로 발상'한다는 것에 대해 정리를 좀 해보고자 한다. '기발함'이라는 것은 아무것도 안하고 가만히 기다리기만 하면 갑자기 떠오르는 것이 아니다.

우선 '이것이 포인트다'라고 할 수 있는 '테마' 또는 '문제의식'을 가져야 한다. 예를 들어 '흐르는 내부공간'을 만들겠다는 테마를 정했다면 이제까지 학교에서 배운 '약속사항에서 발상'하기와 '오감으로 발상'하는 방법을 이용하면 될 것이다. 다음 페이지의 그림은 이러한 내용을 그림으로 나타낸 것이다. 이렇게 준비를 해두고 그 다음에 기발한 아이디어를 기다리는 것이다.

가설 설정능력을 발휘하기 위해서는 역사적으로 크게 전환되는 시점에 있는 것이 좋다고들 흔히 말한다. 필자도 만일 사카모토 료마(坂本竜馬) 시대에 살았다면 그 시대의 눈(관점)을 가졌을 것이다. 르 코르뷔지에, 라이트, 미스 모두 이러한 시대의 전환기에 살았던 것이 사실이다.

필자는 현대가 지구규모로 큰 시대의 전환기에 있다고 생각한다. 테마는

'환경'과 '유니버설 디자인'이다. 이 문제는 이제 막 제기된 것이며, 이 테마를 담은 '에폭 메이킹'이 되는 건축작품은 아직 없는 듯하다. 새로운 시대는 이제부터이다.

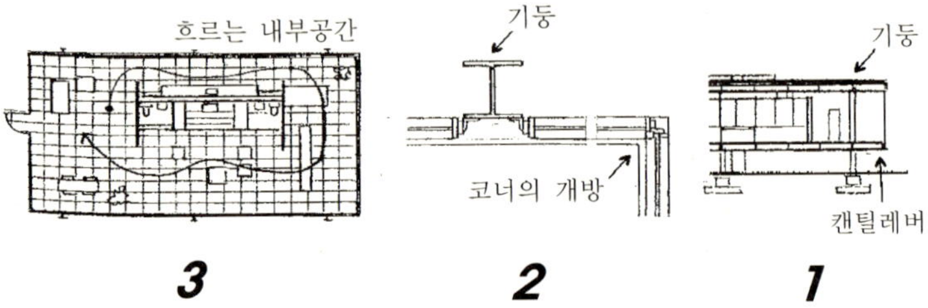

기발함(미스의 경우)

기발한 뇌

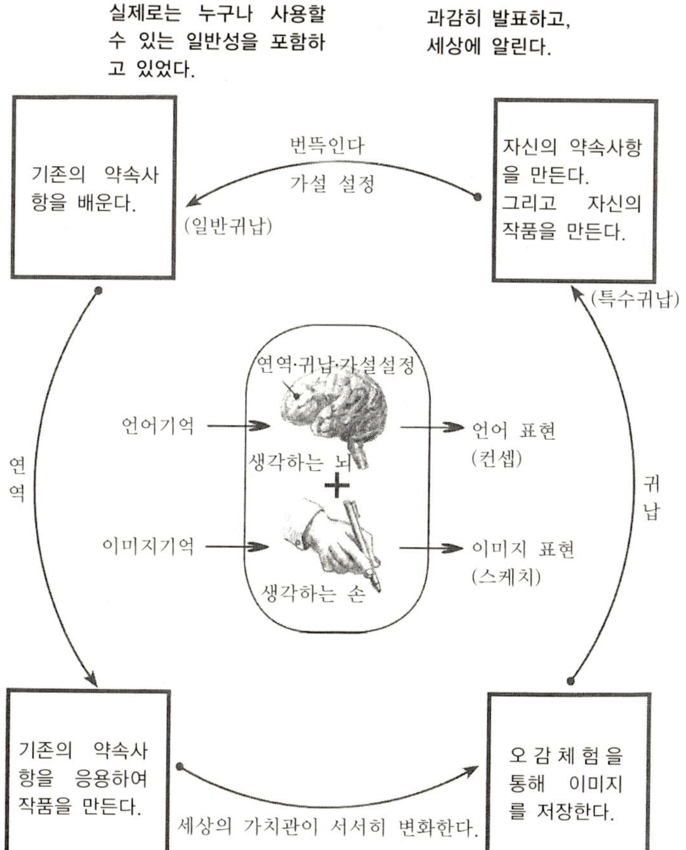
실제로는 누구나 사용할 수 있는 일반성을 포함하고 있었다.
과감히 발표하고, 세상에 알린다.
기존의 약속사항을 배운다.
번뜩인다
가설 설정
(일반귀납)
자신의 약속사항을 만든다. 그리고 자신의 작품을 만든다.
(특수귀납)
연역·귀납·가설설정
언어기억
언어 표현 (컨셉)
생각하는 뇌
연역
귀납
이미지기억
이미지 표현 (스케치)
생각하는 손
기존의 약속사항을 응용하여 작품을 만든다.
세상의 가치관이 서서히 변화한다.
오감체험을 통해 이미지를 저장한다.

2 퍼스의 기발함

생각은 이전의 생각을 받아들인다.

디자이너는 작품을 만들기 전에 '이것이 발상의 포인트가 된다'는 것을 먼저 자신감을 가지고 말해두지 않으면 스케치에 손을 댈 수가 없다. 그렇다면 그 포인트를 알기 위해서는 어떻게 해야 할까? 이제까지 누구도 생각지 못했던 것을 알아내는 것을 논리학에서는 '가설을 세운다'고 말한다. 그러면 '가설설정=abduction'이란 구체적으로 어떤 '생각하는 절차'를 거치는 것일까?

이를 밝히기 위해 시도한 사람이 미국의 논리학자인 퍼스Peirce이다. 그는 논리학의 발전을 위해서는 서양에서 전통적으로 이어져온 연역과 귀납 외에 가설 설정이 있어야 한다고 주장했다. 유감스럽게도 가설 설정이라는 추론방법은 논리학 분야에서는 그다지 인정받지 못했지만 기발함을 필요로 하는 예술이나 과학 분야에서는 매우 유효했다고 생각한다.

새로운 것을 알아낸다는 것은 머릿속에서 어떤 일이 일어나는 것일까? 요네모리 유지(米盛裕二)의 《퍼스의 기호학》[12]을 참고로 하여 이미지에 '앞뒤'를 정하면서 언어에 '전후관계'를 정해 설명해보겠다. 퍼스는 '사고'할 때, 즉 '추론'할 때 항상 '이전에 생각했던 것'에 의해 영향을 받아 '다음의 것을 생각한다'고 말했다. 앞에서 했던 사고를 '조짐=사인sign'으로 여기고 이를 받아들여 그 다음을 생각하는 것이 그가 말하는 기호론의 특징이다.

또 하나 들 수 있는 것이 퍼스에게는 '3분법'으로 생각하는 특징이 있다. 이 같은 지식을 바탕으로 그의 '가설 설정'에 대해 알아보겠다.

---

12) 《퍼스의 기호학》
요네모리 유지(米盛裕二) 저, 퍼스의 생각을 배우는 데 가장 적합한 책이다. 미국의 논리학자이자 기호학자였던 퍼스의 사고방식, 즉 인간의 사고를 '기호과정'으로 파악하는 사고방식을 알기 쉽게 해설했다.

테마 설정=어떤 것에 대한 아이디어가 필요하다는 것은 그것에 대한 테마가 있을 경우이다. 여기서는 '기둥'을 테마로 하여 이제까지 없던 '새로운 기둥의 표현'을 테마로 설정해보겠다.

'이 기둥은 하중을 받고 있다'고 말할 때 이렇게 말할 수 있기 위해서는 우선 '기둥'이 꼭 있어야 한다. 그리고 '기둥'이 있기 위해서는 기둥이 가지는 '성질'도 있어야 한다. 성질에 대한 절대적인 정의는 없다.

자신은 '굵다'고 생각한 것을 다른 사람이 '가늘다'라는 언어로 표현한다면 각각 나름대로 실생활에서 아무 모순도 일어나지 않는다. 그렇다면 '성질'이라는 것이 먼저이고, 이 성질을 가진 것이 '개개의 사물'이다. 그 다음에 무엇이 어떻게 되었다고 설명하는 것이 '기술'이다. 퍼스는 이를 각각 제1차성, 제2차성, 제3차성이라고 명명했다.

제1차성	성질기호
제2차성	사물기호
제3차성	기술기호

다음으로, 기호는 누군가가 이를 사용하여 기호로 해석하는 것이기 때문에 사용하는 사람의 사상이 개입된다.

여기서는 '기둥'이라고 말했지만 그 해석은 사람에 따라 다르다. 예를 들면 어떤 사람은 팔라초 델 테 궁전의 '기둥'을 떠올릴 수도 있고, 또 어떤 사람은 다른 건물의 '기둥'을 떠올릴 수도 있다.

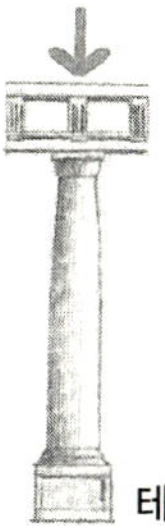

이 기둥은 하중을 받고 있다.

테마 '기둥'

이 같은 기호와의 대응은 팔라초 델 테 궁전의 기둥이라면 그 사진을 보여주면 되고, 다른 건물의 기둥인 경우라도 마찬가지로 그 사진을 보여주면 된다. 이를 '유사기호'라 부르겠다. 이러한 유사기호는 성질기호를 바탕으로 하고 있다.

팔라초 델 테 궁전의 기둥 사진은 그 성질을 바탕으로 하고 있으므로 유사기호는 제1차성으로 분류된다.

그런데 사진만 보고는 기둥이 굵은지 가는지 잘 알 수가 없다. 사진 대신 팔라초 델 테 궁전의 평면도나 입면도 등의 도면을 보면 그 축척으로 높이와 굵기 등의 치수를 알 수 있다. 이때 도면에 그려져 있는 치수는 실제 치수의 '표시기호'가 된다. 표시기호는 각각의 사물을 바탕으로 하므로 제2차성으로 분류되어야 한다.

다음으로 팔라초 델 테 궁전의 기둥에 대해 기술할 수 있기 위해서는 '문자'가 있어야 한다. '기둥'이라는 문자는 기둥 자체와는 닮지 않았지만 기둥이라는 '개념'을 나타낼 수 있다. 이는 기술에 관한 것이므로 제3차성으로 분류된다. 이때 문자들은 '상징기호'라고 명명한다. 이제 종합해보면 다음과 같다.

제1차성	유사기호
제2차성	지표기호
제3차성	상징기호

팔라초 델 테 궁전의 기둥

가설 세우기

퍼스는 지금까지 설명한 바와 같은 방식으로 '기호'를 정의했고 논리학에서 말하는 명사[13], 명제[14], 논증[15]을 다시 다음과 같이 나타냈다.

'명사'는 개념을 언어로 나타낸 것이므로 '기둥', '보', '하중', '받는다'라고 말하는 것은 모두 명사이다. 명사만으로는 무슨 일이 일어났는지 알 수 없지만 '이 기둥은 보의 하중을 받고 있다'고 말하면 거기에 어떤 일이 일어났는지를 알 수 있게 된다. 이렇게 말하는 것이 명제가 된다. 명사는 아직 명제가 된 것이 아니므로 명사를 '불완전 명제'라고 말한다.

앞서 생각했던 제1차, 제2차, 제3차에서는 항상 제2차가 제1차를, 제3차가 제2차를 포함했으므로 명사는 제1차성으로, 명제는 제2차성으로, 논증은 제3차성으로 분류되어야 한다.

제1차성	명사
제2차성	명제
제3차성	논증

---

13) 명사(名辭, term, name)
'명사(名詞)'와 같은 의미로 생각할 수 있다. 개념이 언어적인 표현을 거치면 명사가 된다.

14) 명제(命題, proposition)
'문장'과 같은 의미로 생각할 수 있다. 언어에 의해 표현된 하나로 이어진 문장은 모두 명제라고 생각할 수 있다. 종합명제, 논리명제, 감탄명제의 3가지가 있다.

15) 논증(論証, argument)
'증명'과 같은 의미로 생각할 수 있다. 주어진 명제의 진위를 판단하기 위해 그 논제가 되는 부분에 논거를 제공하는 것을 말한다.

그전까지 '논증'에는 두 가지 방법밖에 없다고 말해왔다. 바로 '연역법'과 '귀납법'이다. 그런데 퍼스는 여기에 한 가지 방법이 더 있다고 말했으며, 그것이 바로 '가설 설정'이다.

'연역법이란 논리적 가능성에 의해 그것을 증명하는 것', '귀납법이란 사실을 확장하여 그것을 증명하는 것', 그리고 '가설 설정이란 법칙성과 일반성을 발견하는 것'이라고 말했다. 이를 정리해보면 다음과 같이 된다.

제1차성	연역법
제2차성	귀납법
제3차성	가설 설정법

여기서 '이 기둥은 실제로 위로부터의 하중을 받고 있다'는 명제에 대해 '논증하는 방법'을 세 가지 얻을 수 있다.

① 기둥이란 상식적으로 위로부터의 하중을 아래로 전달하는 기능이 있다고 정해져 있는 것이므로 그러한 '일반법칙'을 이용하여 판단하는 방법(연역법)

② 하나하나의 기둥에 걸려 있는 하중을 실제로 계측하여 오감으로 확인하고 분명히 힘을 받고 있음을 '사실'로 판단하는 방법(귀납법)

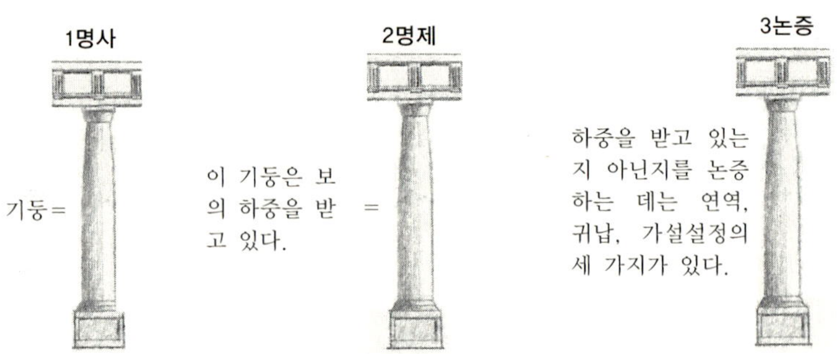

명사/명제/논증의 도해

③ 기둥을 실제로 보고 하중이 걸려있는 것처럼 보이지만 '실제로는 하중이 걸려있지 않은 기둥도 있다'는 것을 발견하는 방법(가설설정)

③ 의 '기둥에 하중이 걸려있지 않다'는 것에서 설마하고 놀라는 사람도 있을 것이다. 앞에서도 설명했듯이 팔라초 델 테 궁전의 도리아식 기둥은 부조 조각에 가까운 '부주(付柱)'로 되어 있어 실제로는 '힘을 받지 않는 기둥'이라 할 수 있다.

기발한 아이디어에 대해 이야기하려고 했던 것이 다소 길어진 듯하다. '가설 설정'에는 중간에 '연역'과 '귀납'이 모두 필요하다는 것을 알 수 있었다.

퍼스가 말하고자 했던 포인트는 '생각은 이전의 생각에 의해 영향을 받는다'는 점이다. 따라서…따라서…하고 '생각의 고리'를 이어나가면 결국 아이디어가 얻어진다는 것이다. 그러기 위해서는 어느 정도의 훈련이 필요한데, 훈련을 거듭하게 되면 한순간에 번뜩 떠오르는 아이디어가 있음을 실감할 수 있게 될 것이다. 여러분도 한 번 해보기를 권한다. 결론부터 말하자면, 생각해낸 아이디어에는 '순서가 있다'는 것이 중요하다.

그런데 중간은 논리적인데 처음에 생각한 것은 논리적이라기보다 다소 '직감적'이다.

논증(가설설정법)

'실제로는 하중을 받지 않는 기둥도 있다.

'기둥'이 있기 위해서는 기둥이 가진 '성질'이 있어야 한다. 성질에 대한 절대적인 정의는 없다. 자신은 '굵다'고 생각한 것을 다른 사람이 '가늘다'라는 언어로 표현하는 것은 각각의 나름이고 실생활에서는 아무 모순도 일어나지 않는다. 즉 성질에 대한 절대적인 정의가 없다는 것이다. 결국 어떤 것을 생각하기 위한 맨 처음의 생각에 '문제의식' 또는 '테마'가 없으면 아무 것도 '생각'을 시작했다고 말할 수 없게 된다는 것이다. '어떤 것을 느끼는' 것이 가능하면 그 다음은 논리적으로 '앞뒤를 정하면서 생각하는' 것이 가능하다고 받아들일 수 있어야 한다.

결론

힘을 받는 기둥이라기보다 미적 효과를
노린 시각적인 기둥이었다.

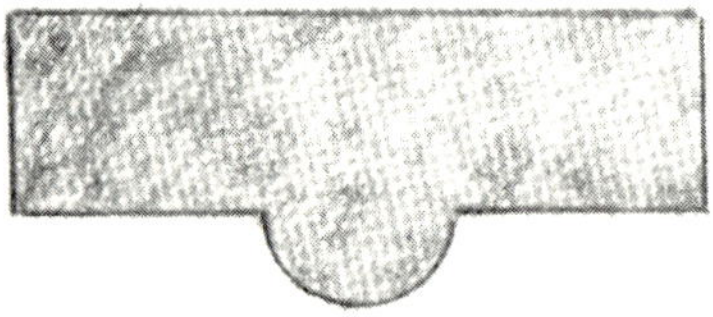

부주(付柱)

3 다른 분야의 발상법

KJ법

건축디자인 분야에서는 '발상법'이라고 하면 왠지 미심쩍다는 듯이 생각하는 경향이 있다. 건물은 매일매일 생활을 유지하는 장소이기 때문에 그곳에 사는 사람 입장에서 보면 발상이나 아이디어가 자신들의 일상적인 생활공간을 확 바꿔버릴 것처럼 느껴져 경계심부터 갖게 되는데 이는 어쩔 수 없는 일인지도 모른다.

실제로 '발상'은 '일상성을 유지'하는 데에도 필요하다. 매일 생활 속에서 일어나는 문제해결에 아이디어가 필요한 것처럼 말이다. 예를 들면 쓰레기분리 보관이나, 벽장 속의 선반 사용법에 대해 아이디어를 내는 것 등이 그렇다. 일상에서의 소소한 사항에 대해서도 디자인 단계에서 '아이디어'를 내지 않으면 생활이 시작되고 나서 쓰레기 정리나 물건 수납에 어려움이 생겨 얼마 지나지 않아 바닥이 물건들로 가득 차게 되어 발 디딜 곳조차 없게 될 것이다.

이 같은 관점에서 볼 때 다른 분야에서는 '발상'이라는 것을 어떤 식으로 하는지 살펴보겠다. 그리고 참고가 될만한 '발상법'이 있을 경우 건축디자인에 어떻게 도입해야 좋을지도 생각해보겠다.

공학이나 예술분야에서는 '무엇이 어떻게 되어야 아이디어가 되는 것인지'에 대해 꾸준히 연구되어 왔다. 발상법에 관한 책도 다수 나와 있다. 이제부터 소개하고자 하는 것은 카와기타지로(川喜田二朗)의 'KJ법'이라는 발상법인데, 문화인류학에서 탄생된 것이다.

'법'이라고 말하기 위해서는 '순서'가 정해져 있어야만 한다. 이때 순서란 단계를 밟아나가면 누구나 소정의 성과를 얻을 수 있는 '작업순서'를 말한다. 'KJ법'은 한 인류학자가 네팔로 현지조사를 갔을 때 수집한 광대한 데이터를 어떻게 정리해야 좋을까 골몰하다가 거기서 힌트를 얻어 누구나 응용할 수 있는 《발상법》[16)]으로 정리한 것이다. 단순한 정리기술이 아닌 발상법이 되기까지에는 어떤 비밀이 있었을까?

문화인류학에서는 '필드 서베이field survey=야외조사'가 빼놓을 수 없는 작업이다. 목표로 하는 조사지에 몇 달씩 아니 몇 년씩 체재하면서 현지인이 어떻게 생활하는지, 어떤 말을 사용하는지 조사하게 된다. 또한 그곳의 지형, 식생, 주거방법 등도 조사한다.

조사내용은 매일매일 쓰는 '조사기록'을 '야장(野帳)'에 남겨두는 것이 중요하다. 그 날 일어났던 일과 알게 된 것 등을 기록해 두고, 형태가 있는 것은 스케치를 하거나 실측 또는 사진을 찍어두기도 한다. 이 같은 데이터는 '언어'로 기록되는 것이 당연하지만, 중요한 것은 조사 당시에 조사원이 오감으로 느꼈던 다양한 '이미지 기억'이다. 이들을 바탕으로 가설을 발견하기 위한 독특한 데이터 처리법이 고안된 것이다. 그 처리순서를 나타내면 다음과 같다.

1. 카드에 사실을 기록한다.
2. 카드를 트럼프처럼 늘어놓는다.
3. 가만히 보고 있으면 몇몇 장이 관련되어 있음을 알게 된다.
4. 관련이 있는 것끼리 모아 그 내용을 나타내는 단문(표찰)을 작성한다.

이 같은 과정을 여러 번 반복하여 소그룹, 중그룹, 대그룹으로 분류해 간다. 트럼프처럼 늘어놓는 이유는 이들이 선 배치를 이루어 논리적으로 흐름이 생기기 때문이다. 그렇게 늘어놓음으로써 이미지는 일단 자유배치가 된다.

이 방법의 특징은 처음엔 아무 가설도 세우지 않고 오직 데이터로만 파악하는 데 있다. 한번에 모든 데이터를 보고 파악하는 것이 아니라 소그룹화 되어 있는 것들을 점차 대그룹으로 나누며 전체적인 흐름에서 가설을 유도해내

---

16) 《발상법》
카와기타지로(川喜田二朗) 저, 《속 발상법》도 나와 있다. KJ법이라 불리는 아이디어 기법이 생겨난 배경과 그 순서가 쓰여 있다.

는 것이다.

몇몇 데이터에서 연관성을 발견했을 때 '표찰(언어)'을 만들고, 그렇게 만들어진 여러 표찰들에서 또다시 공통점을 발견하면 다음 표찰을 만든다.

발견과정을 뒤에서부터 순서를 세워 일렬로 선 배치를 하면 하나의 큰 '가설'이 되어 나타난다.

대학 4학년이 되면 졸업연구가 있다. 이제까지 배운 내용을 물음에 답하는 식의 기말고사와 달리 스스로 테마를 발견해야 하는 문제에 직면한다. 또 발견한 테마를 어떻게 풀어갈 것인지의 문제와도 직면하게 된다. 어떻게 해야 좋을까?

이런 문제에 직면했을 때 해결방법 중 하나로 KJ법에서 힌트를 얻을 수 있다. 물론 여기서 다루는 건축디자인 테마에도 응용할 수 있다.

KJ법이란 카와기타지로라는 창안자 이름의 머리글자를 따서 지은 것이다. 훌륭한 결론을 내는 것도 중요하지만, 그러기 위해 결론에 이르기까지의 개성적인 방법론도 중요하다는 것을 알 수 있다.

_발산과 수렴

다른 분야의 발상법 예로 자주 거론되는 또 한 가지 방법을 소개하겠다. 이 방법 역시 건축디자인에 큰 도움이 된다.

공업디자인 분야에서는 신제품 개발을 위한 아이디어를 낼 때 '발산과 수렴'이라는 방법이 자주 채택된다. 우선 여러 사람이 모여 '브레인스토밍'을 하여 의견을 낸다. 처음에는 뭐든 생각나는 의견을 말한다(발산). 의견이 모두 나오고 나면 정리하면서 이를 종합해간다(수렴). 이렇게 크게 2단계로 생각하며, 발산에서 수렴으로 넘어갈 때는 머릿속을 확 뒤집어서도 생각해본다.

'발산사고' 단계에서는 의식이 모든 방향으로 발산되는 것처럼 한다. 이 단계에서는 기술적으로 안 된다든가 법률적으로 안 된다든가 비용면에서 안 된다는 등의 부정적인 말은 하지 않는다. 재미있다든가 좀더 기발한 생각은 없을까 하는 식으로 격려해주고, 앞 사람의 의견을 들은 후 나는 이런 생각을 했다는 등으로 좀더 의견을 낼 수 있는 분위기를 만들어간다. 그러기 위해서는 의식을 자유롭게 해줄 수 있는 리더가 필요하다.

더 이상 의견이 나오지 않을 것으로 여겨지면 '수렴사고'에 들어간다. 즉 정리에 들어가야 할 때이다. 연쇄적으로 나온 아이디어를 기술, 법률, 사회적 요구, 비용, 제작기간 등의 평가기준으로 체크하면서 실행으로 옮길 수 있는 아이디어를 뽑아 최종안으로 수렴시켜간다.

발산의 근원은 '의식계'가 아닌 '무의식계'[17]에 있다고 한다. 의식계란 '언어'에 의해 설명할 수 있는 부분이다. 즉 논리적, 시간적, 분석적인 부분이다. 무의식계란 언어가 되기 이전인 '이미지' 의식으로 간배치적, 주변기억적, 네트워크적이다. 자유롭게 배치되어 있는 이미지 기억에서는 '연상', '유비', '비유'라는 이미지끼리의 자유로운 재구성이 일어나기 쉽다.

건축디자인에 있어서도 어떤 방침이 정해지고 나면 그 다음으로 넘어가야 할 텐데 아이디어가 떠오르지 않는 경우가 자주 있다. 이런 경우 여러 사람을 모이게 하여 '발산과 수렴' 방법을 택하면 좋을 것이다. 아이디어가 나오는 때는 이를테면 친구와 저녁에 술을 한 잔 마시러 가서 의식이 무의식계로 넘어가는 때라고 말할 수 있다. 따라서 아이디어가 떠올랐을 때를 대비해서 주머니에는 항상 메모지를 준비해가지고 다니는 것이 좋다. 나중에 다시 기억하려 해도 생각나지 않아 후회하는 일이 없도록 하기 위해서이다.

---

17) 무의식
본인은 자각하지 못하는 심적 과정을 말한다. 오늘날 정신분석학이 무의식의 심리학이라 불리는 것처럼 중요한 열쇠가 되는 개념이다. 프로이드는 히스테리 환자의 치료에서, 인간의 행동이나 신경증적 증상은 무의식 속의 원망이나 충동에 영향을 받아 결정된다고 말했다. 융도 역시 무의식을 중요시 여겼는데, 그 의미가 조금 달라 인류에게는 신화 등에서 볼 수 있는 공통적이고 보편적인 무의식이 있다고 여겨 건설적인 역할을 지적했다.

이질적인 것의 조합

우리 주위의 '일상적인 것'에서도 '새로운 조합'에 의해 이제까지 없던 '새로운 것을 생각'할 수 있다.

예를 들면, '자동차'는 교통수단의 하나로 어느 장소에서 다른 장소로 이동하기 위해 발명되었지만, 여기에 핫도그 판매를 할 수 있는 점포기능을 조합시킴으로써 일명 '바퀴달린 점포'를 만들 수 있다.

'휴대전화' 역시 처음엔 대화를 위한 수단이었지만 오늘날에는 카메라 기능이 조합되면서 '시청각 커뮤니케이션'이 가능해졌다.

건물의 경우는 예를 들어 '호텔'은 숙박을 위한 공간뿐만 아니라 연회장이나 레스토랑, 점포 등의 기능을 조합한 '복합시설'로 되고 있다. 또한 공공시설의 경우도 예전에는 유치원이나 노인정이 별도의 부지에 지어졌지만 오늘날에는 공공용지를 확보하기 어려워 한 부지 내에 조합시켜서 건설되고 있다. 최근 지어지고 있는 주택들을 보면 '부엌공간에 주부의 책상'이 조합되기도 하고, '거실공간에 아버지 서재책상'이 조합되기도 하며, '주방기구 옆에 세탁기'가 조합되기도 한다. 이렇듯 고정관념에서 벗어나면 새로운 라이프스타일을 찾아낼 수 있게 된다.

알렉산더의 방법

다른 분야에서 개발된 'KJ법', '발산과 수렴', '이질적인 것의 조합' 등의 방법을 건축디자인법에 도입하기 위해 신중히 고려한 예가 있어서 소개하려고 한다. 미국의 건축가인 알렉산더[18]에 의해 고안된 '패턴 랭귀지'라는 방법이

---

18) 알렉산더(Arexander, Christopher)
1936~. 빈에서 태어나고 케임브리지대학에서 건축과 수학을 공부했으며 하버드대학에서 건축학 학위를 취득했다. 캘리포니아대학 버클리교의 건축학과 교수로 교육에 관여하면서 환경구조센터를 설립하여 설계활동에도 종사했다. 작품에는 사이타마현의 에이신(盈進) 학원 히가시노(東野) 고교가 있다. 주요 저서로는 《커뮤니티와 프라이버시》, 《패턴 랭귀지》 등이 있다.

다. 그는 이 방법을 완성시키기까지 여러 단계의 연구과정을 거쳤다. 그 과정에서 앞서 말한 세 가지 아이디어 기법과 매우 유사한 방법을 도입했으며, 이를 살펴보면 다음과 같다.

1. 세미 래티스 구조의 발견(도시는 나무가 아니다)...........KJ법
2. 수학적 해법 채용(형태의 합성에 관한 노트[19])............발산과 수렴
3. 형체언어의 완성(패턴 랭귀지)......................................이질적인 것의 조합

초기의 논문인《도시는 나무가 아니다》에서는 실제로 생활이 이루어지고 있는 도시는 복잡하고 유기적인 구조로 되어 있음을 지적하고 있다. 이때의 정보수집에 'KJ법'과 유사한 방법이 사용되었다.

도시는 복잡하고 유기적인 구조로 구성되어 있음에도 불구하고 디자이너는 그 구조를 파악할 때 인간의 뇌가 이해하기 쉬운 정리된 형태로 이해한다고 했다. 어떤 것이 그런지에 대해서는 실제로 도시가 물리적 요소와 생활요소로 그물처럼 복잡하게 얽혀 있는 '세미 래티스 구조'로 되어 있음에도 불구하고 디자이너는 이를 뇌가 이해하기 쉬운 질서정연한 '트리구조'로 이해하려 한다는 것이다. 하지만 그런 질서정연한 시스템으로 디자인되면 본래 도시가 지닌 유기적인 세미 래티스 구조가 반영되지 않게 되는 것이 문제라고 지적했다.

다음 논문인《형태의 합성에 관한 노트》에서는 복잡하고 풍부한 '세미 래티스 구조'로 된 도시구조의 모습을 그대로 파악하고 그 상태를 건축디자인에 옮기기 위해서는 어떻게 해야 하는지에 대해 수학의 '집합론'을 도입하여 해결하고자 했다. 이 논문은 그러기 위한 이론 만들기로 생각할 수 있다. '발산에서 수렴'으로 옮겨질 때 수학적인 방법을 사용한 점이 특징이다. 그는 이

---

19) 《형태의 합성에 관한 노트》
알렉산더 저. 稲葉武司 역, 카고시마출판회, 1978. 건축디자인이 결정될 때 무자각으로 결정되는 방식의 장점을 어떻게 자각적인 프로세스로 바꿀 수 있는지의 방법에 대해 기술되어 있다.

알렉산더의 방법

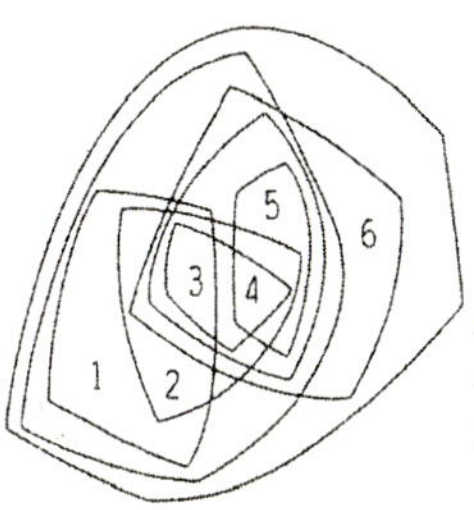

세미 래티스 구조
자연스럽게 생성된 도시로 보이는 구조

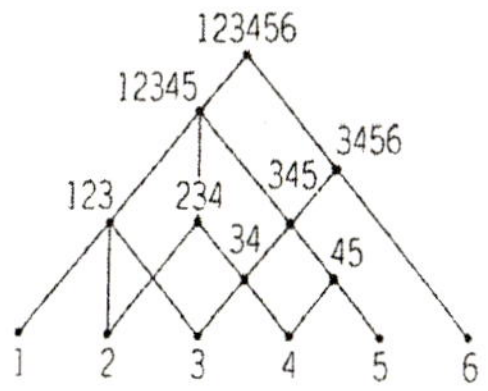

트리 구조
인간의 머리로 생각한 도시의 구조

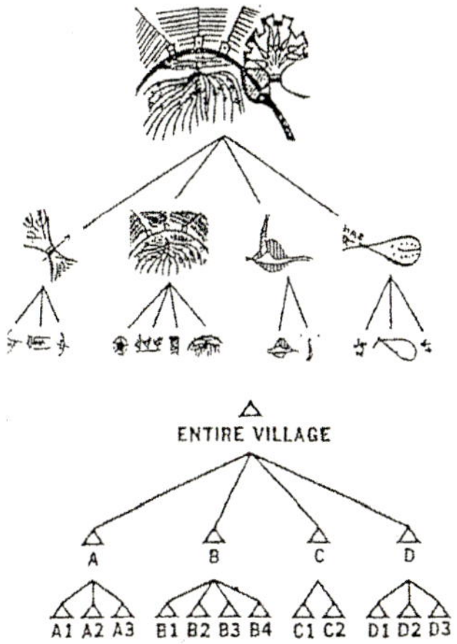

인도 마을의 구성요소
A : 소, 우차, 연료
B : 농업생산, 관개, 분배
C : 촌락의 사회적 및 산업적 공동생활
D : 주민의 개인생활, 주거, 소규모 활동

출전 : 알렉산더 저,《형태의 합성에 관한 노트》

논문으로 박사학위를 받았다.

세 번째 논문인 《패턴 랭귀지》[20]에서는 그의 다소 난해한 이론을 누구나 사용할 수 있게 '단어'와 '문법'으로 만들어 디자인할 때 이용할 수 있도록 한 것이다.

서머슨의 '언어로 발상하기'에서도 이와 같은 발상이 있었다. 거기에는 '시각적인 형태'를 수반하는 단어가 있고, 이를 결합시키기 위한 3가지 '문법'이 준비되어 있었다. 이에 대해 알렉산더의 방법은 건물 사용자나 물리적인 요구 내에 있는 '기능의 형태'를 '단어'로 만들고 이를 결합시킬 때 '문법'을 사용한다는 발상이다. 알렉산더의 방법은 논문이 발표될 때마다 기존의 디자인법을 바꿔버릴 듯한 기대감을 갖게 했다.

지금은 다소 덜 한 듯하다. '패턴 랭귀지=형태언어pattern language' 라는 이름이 매력적으로 느껴지는데, 이를 배우면 누구나 건물의 형태를 자동적으로 디자인할 수 있는 것으로 안이하게 받아들인다면 오히려 기대에 못 미칠 수도 있다. 즉 '언어'에는 상응하는 '이미지'가 없으면 구체적인 생각을 할 수 없기 때문이다. 이를 어떻게 결합시킬 것인지에 대해서는 조금 약하게 느껴진다.

패턴 랭귀지는 앞으로 디자이너들에 의해 더 많이 사용되어 문제점이 해결되고 특수에서 일반으로 가는 길을 열어줄 수 있게 되면 누구나 사용할 수 있는 '약속사항'이 될 가능성이 아직 남아 있다고 할 수 있다.

---

20) 《패턴 랭귀지-환경설계의 길잡이》 A pattern language
알렉산더 저, 사람들이 집, 거리, 커뮤니티를 스스로 설계해야 한다는 견해를 가지고 250 이상의 패턴과 문법으로 이루어진 언어와 같은 작용을 하는 '패턴 랭귀지'라는 환경디자인을 위한 도구를 제안했다.

4 필로소피

빛나는 개념

_관계자

이제까지 없던 새롭고 유망한 아이디어를 냈는데 주위의 반응이 신통치 않은 경우가 자주 있다. 그럴 때 철학을 갖고 있으면 아이디어를 실현하는 데 한 걸음 바짝 다가갈 수 있다.

'저 사람에게는 철학이 있다'고 말하는 경우가 자주 있다. '철학'이란 영어의 '필로소피philosophy' 를 해석한 것인데, 오늘날에는 어려운 철학상의 문제를 말하기보다는 '가장 중요한 것이 무엇인지를 이해하고 있다'거나 '생각에 조리가 있다'는 의미로 사용되는 경우가 많다.

건물을 지을 때에는 다양한 '관계자'[21]가 있다. 우선 건축주가 있어야 하고, 그 외에도 디자이너나 건설업자 등 계획을 추진하는 사람이 있어야 한다. 관계자의 범위를 좀더 넓혀 보면 그 부지와 인접한 곳에 살고 있는 주민, 건물의 용도가 점포라면 부지 앞 도로를 지나다니는 통행인, 고층 건축이라면 일조권의 영향을 받게 될 곳의 주민들, 그 건물이 보이는 수백 미터 앞의 주민 등도 관련되어 있다고 말할 수 있다. 소리, 냄새, 진동 등이 발생하는 건물이라면 이를 오감으로 느끼게 될 범위에 있는 사람들도 관련된다.

건설자금을 내는 것이 건축주이니까 건축주가 원하는 건물만 지으면 된다는 식으로 생각해서는 안 된다. 건물이 지어질 때에는 그 프로젝트에서 '무엇이 가장 중요한지'를 생각해야 한다. 그리고 계획을 추진함에 있어서 처음부터 마지막까지 생각을 조리있게 설명할 수 있는 것도 중요하다. 따라서 건물을 지을 때에도 필로소피가 필요하다는 것이다.

최근에는 왜 그 건물을 지어야 하는지 설명을 요구하는 경우가 있다. 그럴 경우 확실한 철학을 갖고 있으면 '설명책임=accountability'을 다할 수 있다.

---

21) 관계자(interest people)
interest란 이해(利害)를 의미하며 어떤 이해와 관련되어 있는 상호 관계인들을 일컫는다.

무엇이 가장 중요한 것인지, 거기서 요구되는 필로소피가 무엇인지에 대해 알고 싶다면 플라톤의 '빛나는 개념=아이디어' 를 이해하는 것이 가장 좋을 것이다.개념에 대해서는 지금까지 '살아있는 개념', '일반개념', '새로운 개념'의 세 가지를 검토해왔다. 마지막으로 '빛나는 개념'을 더하여 개념에 관한 이야기는 마무리하겠다.

_플라톤의 이데아

'이데아'는 오늘날 우리가 흔히 말하는 '아이디어'의 어원이 되는 말이다. 야마시타 마사오(山下正男)의 '새로운 철학'[22]이라는 책에서 인용하여 이데아가 생겨나게 된 배경을 살펴보겠다. 고대 그리스 시대의 지중해에서는 이미 화폐경제가 발달되어 있었다. '원시인의 사고양식은 아마도 구체적, 개별적, 실천적이었을 것임에 틀림없다. 그런데 상품생산이 시작되고 유통경제가 성립되면서 추상적이고 보편적, 논리적인 사고양식이 생겨났다. 여기서 이들 둘에게 공통된 것, 모두에게 공통된 것이 필요로 하게 되었다' 이러한 배경에서 플라톤[23]의 '이데아가 태어났다'고 말하고 있다.

플라톤은 각각의 하얀 것, 예를 들면 하얀 건물, 하얀 조각, 하얀 꽃이라 불렀던 것과는 달리 '하얀 그 자체'의 실재를 주장했다. 그리고 이를 '이데아'라고 이름 지었다. 이데아는 '이데아의 세계'에 반드시 존재한다고 생각했다. '백(白)의 개념' 자체에는 색이 없다. 개념은 '언어'이기 때문이다. 그런데 플라톤의 '백(白)의 개념'은 '하얗다'는 것이다. 더욱이 이 세상에 있는 것이라 생각할 수 없을 정도로 아름답게 '하얗게 빛나고 있는' 것이다.

즉 백(白)의 이데아는 개념이 아닌 사물에 가까운 것이다. 이는 고대인이

---

22) 《새로운 철학-전(前)과학시대의 철학에서 과학시대의 철학으로》
야마시타 마사오(山下正男) 저

23) 플라톤(Platoon)
기원전 427~347. 고대 그리스의 철학자로 그 유명한 이데아 설을 주장했다. 감각에 호소하는 경험적인 사물이 존재하는 이 세계 외에, 비물질적·영원적이고 절대적인 진실인 이데아가 존재하는 세계가 있다고 여겨 이원론적인 세계관을 주장했다.

정의를 '정의의 개념'이 아닌 '정의의 여신'과 같이 눈에 보이는 구체적인 형태로 생각한 것과 같은 것으로 이해하면 쉬울 것이다.

그런데 이처럼 빛나던 이데아는 시대가 흐르면서 그 빛을 잃어갔다. 즉 '단순한 개념'에 지나지 않게 되었다. 현대보다 조금 앞선 20세기 전반에도 '이데아'가 '빛나던' 시대가 있었다. '근대주의'의 이론이 건축가의 머릿속을 강하게 점유하던 시대에는 '기능적'인 것, '순수기하학적'인 것, 색은 '백색과 무채색'을 사용하는 것을 가장 찬미했다. 실제로 이러한 개념이 건축가의 머릿속에서 아름답게 빛나던 시대가 있었다.

포스트모던(탈근대) 시대가 되면서 순수가 아닌 장식을 사용한 것, 단순이 아닌 복잡한 형태를 사용한 것, 흰색과 무채색이 아닌 다양한 색채를 사용한 것, 이런 것들에 저항감을 갖게 되었다. '빛나던 개념'이 '단순한 개념'으로 된 것이다. 하지만 한때나마 '빛나는 개념'을 전 세계적으로 공유할 수 있었다는 것은 어떤 의미에서 행운이었을지도 모른다.

과연 21세기에는 '빛나는 개념'을 필요로 하는 시대가 될까? 만일 필요로 한다면 그것은 어떤 것일까?

목적 · 목표 · 안(案)

_이미지와 언어의 연결

건축디자인 분야에서 아이디어는 '오감으로 지각할 수 있는 형태'로 제안되지 않으면 평가대상이 될 수 없기 때문에, 항상 도면이나 모형을 사용한 '구체적인 안'으로 제안된다.

한편, 다양한 의견을 가진 관계자의 마음을 하나로 모으기 위해 '공통된 목적'을 만들어 두는 것도 중요하다. '목적'에는 앞에서도 말했듯이 '빛나는 개념'과 같은 역할이 있다. 목적은 언어로 표현되기 때문에 아무래도 '추상적'이 될 수밖에 없다.

디자인을 생각한다는 것은 이러한 '구체'와 '추상'의 틈을 좁혀가면서 진행하는 것이다. '이미지로 구체적으로 생각하는 것'과 '언어로 추상적으로 생각하는 것'을 동시에 진행해가는 것이 중요해진다. 그러면 구체와 추상의 틈을 이어서 생각하려면 어떻게 해야 할까?

'목적'과 '안(案)'의 틈을 이어서 생각하기 위해 그 중간에 '목표'를 설정해 본다. 목표는 추상적인 요소를 포함하고는 있지만 이미지와 직결되는 언어로 표현된다. 이상의 내용을 종합하면 다음과 같이 된다.

목적 goal	'무엇을 위해' 만드는지를 생각한다.
목표 objectives	목적을 달성하기 위해서 '무엇을' 해야 할지를 생각한다.
안 alternatives	'어떻게' 만들 것인지를 구체적인 형태로 생각한다.

좀 어려운 듯하므로 쉽게 생각할 수 있는 '행복'을 예로 들어 설명해 보겠다. 그리고 나서 건축에 관한 이야기로 넘어가겠다.

예를 들면, 흔히 '행복해지기' 위해서는 '돈'이 없으면 안 된다고 말하는 사람이 있다. 그에 반해 '건강'하지 않으면 행복해질 수 없다고 말하는 사람도 있다. 또는 '결혼'을 잘 하지 않으면 행복해질 수 없다고 말하는 사람도 있다. 이렇게 견해의 차이가 생겼다는 것은 공통의 '목적이 되고 있는 이야기'와 개개인이 '선택할 수 있는 이야기'가 구별되지 않은 상태로 의견이 진행되고 있을 때이다. 즉 '일단 레벨이 높은 이야기'와 '일단 레벨이 낮은 이야기'를 구별하지 않고 논의하는 때이다.

여기서 공통의 '목적'이 되고 있는 것은 '행복해지는' 것임을 알 수 있다. 이를 일단 레벨이 높은 위치로 설정한다.

이 목적의 일단 아래 레벨에 이를 달성시키기 위한 '목표'로서 '돈을 모은다', '건강해진다', '결혼을 잘 한다'의 세 가지를 선택사항으로 놓는다. 이들은 선택되기 위한 선택사항으로서 대등한 관계에 있다. 이렇게 '목표' 설정에 의해 목적은 보다 구체화된다.

목표만으로는 아직 구체적인 행동이 일어나지 않으므로 다시 구체적인 이미지가 가능한 '안'의 작성이 요구된다. '행복해지기(목적)' 위해서 '돈을 모은다(목표)'를 선택했다고 하자. 이 경우, 예를 들어 '밤낮으로 일을 해서 돈을 벌다', '절약해서 지출을 줄인다', '사업에 투자하여 일확천금을 시도한다' 등의 구체안을 떠올릴 수 있다. 물론 이 밖에도 많은 안이 있을 것이다. '발산과 수렴'이라는 방법을 사용하면 얼마든지 안을 더 낼 수 있을 것이다.

'건강'과 '결혼'에 대해서도 마찬가지로 몇몇 안을 선택할 수 있는 상태에 놓는다. 이 같은 작업이 끝나면 그 중에서 자신의 이미지에 딱 맞는 안을 선택하여 실행에 옮기면 되는 것이다.

'행복해지기'를 예로 들어 설명했는데, 이를 참고로 '좋은 건축 만들기'는 어떻게 하면 될지 여러분 각자 구체적으로 생각해보기 바란다.

_상위개념

앞의 항목에서 나타낸 관계도를 보면 '목적'이 맨 위에 있고, '목표'가 그 아래에 있으며, '안'은 그보다 더 아래에 놓여 있다. 이를 각각 '상위개념'과 '하위개념' 관계에 있다고 말한다. 이처럼 어떤 것을 생각할 때 상위와 하위 '클래스'로 나누어 '서열'을 정하는 방식을 '범주=카테고리category'로 생각할 수 있다. '범주론'을 제창한 사람은 아리스토텔레스[24]였다. 플라톤 시대의 개념은 '빛나는' 것이었으며 점차 '단순한 개념'이 되어 가면서 아리스토텔레스 시대에는 개념이 냉정하게 분석되어 서열이 정해지는 대상이 되었다. 객관적으로 분류하는 과학적이고 학문적인 사고의 시작이다.

---

24) 아리스토텔레스(Aristoteles)
기원전 384~322. 고대 그리스의 과학부문과 논리학의 기초를 구축한 철학자. 플라톤의 학교 아카데미아에서 공부했으며, 알렉산더대왕의 스승이었던 것으로 유명하다. 감각에 의해 지각하는 것은 '개개의 사물'이지만, 그 안에 있는 일반적인 것을 인식할 수 있다고 생각하고 귀납법을 인식하기 위한 조건이라 했다.

목적목표안(安)

목적 · 목표 · 안

- **1 행복해지기** (목적)
  - 결혼을잘한다 (목표)
    - 3 사업에투자하여일확천금을시도한다 (안)
    - 2 절약하여지출을줄인다
    - 1 밤낮으로일해서돈을번다
  - 돈을모은다 (목표)
    - 3 결혼상담소에간다 (안)
    - 2 선을본다
    - 1 연애를한다
  - 건강해진다 (목표)
    - 3 헬스클럽에서운동을한다 (안)
    - 2 균형있는영양을취한다
    - 1 일찍자고일찍일어난다
- **2 좋은건축만들기** (목적)
  - 아름다운건축만들기 (목표)
    - 3 마감을 아름답게 한다 (안)
    - 2 색채를아름답게한다
    - 1 비례를아름답게한다
  - 강한건축만들기 (목표)
    - 3 부식에강하게한다 (안)
    - 2 내화구조로한다
    - 1 내진구조로한다
  - 건강한건축만들기 (목표)
    - 3 배리어프리로만든다 (안)
    - 2 유해물질이없는재료를사용한다
    - 1 일조·채광·환기를잘한다

건물을 건설할 때에는 건축주, 건설업자, 인근주민, 관공서 등 다양한 사람들과 관련된다. 따라서 안을 결정하는 회의에서는 다른 사람에게 그 안을 확실히 이해시키지 않으면 안을 실현할 수가 없다. 이처럼 3단계로 나누어지는 '범주의 서열'을 염두에 두고 늘 상대의 언어 사용에 대해 자신의 생각이 '상위'에 놓일 수 있도록 해야 한다. 그리고 디자이너가 이상으로 여기는 안의 실현을 목표로 한다.

_프레젠테이션

고대 그리스의 철학자는 논문보다는 설전을 통해 진실을 밝히고자 했다. '대화'하는 것을 현대에는 '다이얼로그dialog' 라고 말하는데, 그 어원은 고대 그리스의 'dialectic=변증법[25]'이며, 그 안에 대화라는 의미가 포함되어 있다. 현대의 철학자는 서재에 틀어박혀 자신은 이렇게 생각한다는 '논문'을 써서 철학논의를 넓혀 가지만, 그리스 시대에는 상대되는 의견을 가진 철학자가 아고라[26]에서 '논의'를 펼쳤다. 논의과정에서 무엇이 진실인지를 밝혀내고자 한 것이다. 따라서 철학자에게 있어서 '변론술'은 매우 중요한 기술이었다.

오늘날 건축디자인 분야에도 이 같은 '변론술'이 필요하다. 열심히 생각해 낸 계획안의 장점을 관계자에게 이해시키지 못하면 실현시킬 수가 없기 때문이다. 프레젠테이션 장소에서는 반드시 '질문'을 받게 된다. 이때 주고받는

---

25) 변증법(dialectic)
변증에는 변론에 의해 논증하는 것이라는 의미가 있다. 법이 만들어지면 대화의 기술이라는 의미가 된다. 이 용어의 사용법은 철학자에 따라 많이 다르다. 예를 들면, 소크라테스나 플라톤의 경우, 변증법은 개념의 참 인식에 이르기 위한 방법이라고 생각했다. 아리스토텔레스는 많은 사람이 인식하고 있는 전제에서 추리하는 방법이라고 말했다. 칸트는 착각과 부질없는 추리를 가리켰다. 헤겔은 유한한 사물은 자기 자신 속에서 자기와 모순되고, 그에 의해 자기를 지양하고 반대물로 이행한다고 여기며 이를 변증법이라 불렀다.

26) 아고라(agora)
고대 그리스 도시의 광장, 정치, 경제의 중심이며, 보통 스토아(열주랑)로 둘러싸여 있고 근처에는 집회장, 의장, 신전 등이 지어졌다. 아테네의 아고라는 아크로폴리스 언덕 아래에 있었다.

대화는 밤을 새워 완성시킨 도면이나 모형 이상으로 안을 실현하는데 중요한 역할을 한다.

안의 구체적인 특징에 대한 설명은 이미지와 직결된 '패롤'로 상세하게 한다. 그리고 언어가 가지고 있는 또 하나의 성질, 조건성에서 생겨난 '메타 랭귀지'를 사용하여 '따라서 …이렇게 된다'는 식으로 안의 장점을 논리적으로 설명한다. '목적·목표·안'의 다이어그램을 머릿속에 확실히 그려두어 상대가 하는 말에 대해 항상 자신의 생각이 '상위개념'이 될 수 있도록 '대화=dialog'를 진행해간다.

안을 실현시키는 데 무엇보다도 중요한 것은 '무엇이 가장 중요한 것인지'를 이해해야 한다는 점, 즉 '필로소피'를 가지고 있어야 한다는 점이다.

종장 | 자유롭게 발상하자

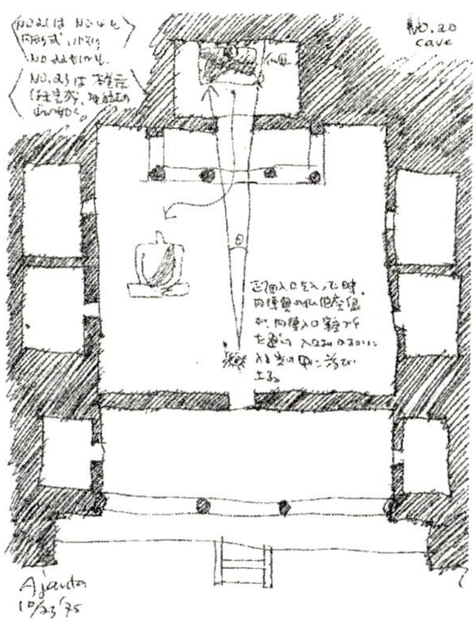

아잔타의 불교사원/ 가끔은 좌선을 하며 멍하니.....

본론에서는 '이미지' 와 '언어' 가 항상 바르게 사용되는 것으로 기술했다. 그런데 이를 서투르게 사용하면 '함정' 에 빠지는 경우가 종종 있다. 그 결과 아무리 '아이디어' 를 내려고 해도 내지 못하게 되기도 한다. 그렇다면 이 같은 함정은 어떤 경우를 말하는 것일까? 또한 만일 그런 함정에 빠졌을 경우에는 어떻게 극복해야 할까? 이제 그에 대한 해답을 찾아보고자 한다. '자유롭게 발상' 하기 위해 노력을 해도 순간적으로 어떤 장애에 부딪혀 프로젝트를 더 이상 진행시켜 나가지 못하는 경우가 자주 있는 것도 사실이다.

1 자유롭게 발상한다

본론에서는 이제까지 없던 '새로운 것을 생각'하려면 어떻게 해야 하는지 그 '순서'에 대해서 구체적인 사례를 들어 알기 쉽게 해설하고자 했다. 그 요점을 정리해 보면 다음과 같이 된다. 즉 아이디어를 내려면,

1. 기억이 필요하다........이미지 기억과 언어기억을 충분히 모아둔다.

2. 논리가 필요하다........연역, 귀납, 가설 설정의 세 가지 방식을 이해한다.

3. 표현력이 필요하다.....아이디어는 이미지 표현(스케치)과 언어 표현(컨셉)으로 나타낸다.

만일 이상의 내용을 이해했다고 생각되면 본론에서 해설하기 위해 사용했던 예는 완전히 잊어버리기 바란다. 그 다음은 여러분의 감성에 맞춘 건물로 이미지 기억 속을 채워두고, 거기에서 생각을 시작하면 될 것이다. '자유롭게 발상'하는 것의 비밀은 자신의 눈으로 보고, 손으로 만지며 얻은 '이미지 기억'에서의 발상임에 틀림없기 때문이다.

이들 세 가지 발상법은 어느 것이 좋고 어느 것이 나쁘다고 말할 수 없다. 우선 자신이 좋아하는 것이 무엇인지를 알고, 어려운 것이 있다면 노력을 해서 마스터하면 된다. 그렇게 함으로써 디자인력의 폭이 넓어질 것임에 틀림없다. 속는 셈 치고 꼭 한번 시도해 보기 바란다.

또한 디자인할 때에는 이들 '세 가지 발상법'을 잘 조합시켜 사용하면 된다. 처음에 '약속사항에서 발상하기'를 사용했을 경우 아무래도 처음부터 마지막까지 '약속사항'에 얽매이기 쉬우므로 중간에 '오감으로 발상하기'도 함께 생각하여 유연하게 한다. 이와 반대로, 처음에 '오감으로 발상하기'를 사용했을 경우 아무래도 개인의 '취향'에 얽매이기 쉬우므로 중간에 '약속사항에서 발상하기'를 넣어 아이디어를 확실하게 해 둔다. '기발함으로 발상하기'는 일반성이 있고 누구에게나 도움이 되며, 또한 이제까지 없던 참신함도 있어야 하므로 크게 자신감을 가지고 해보길 바란다.

선택 가능한 '방법=method'이 적어도 세 가지 있다는 것을 알고 있으므로

디자이너를 꿈꾸는 사람이라면 그 중 어느 하나를 주축으로 하고, 나머지 두 개도 더하며 마지막으로 자신의 '취향'도 더해 자기만의 '방법론=methodology'을 만들어내면 된다.

본론에서는 '이미지'와 '언어'는 바르게 기억되고 바르게 사용되는 것으로 기술했는데, 실제로는 '함정'이 있다. 다음은 만일 이러한 함정에 빠졌을 경우 어떻게 해야 할지 그 탈출법을 기술하겠다.

2 이미지를 자유롭게 한다

이미지는 본래 뇌피질 상에 자유롭게 배치되는데, 어떤 이유로 인해 그러지 못하는 경우가 있다. 바로 '고정관념'이 생겼을 때가 그렇다. 예를 들면, 처음 디자인을 배우던 곳에서 자신이 '만든 것'에 대해 선생님이 이건 '안 된다'고 지적을 했다고 하자. 선생님의 그 '한 마디'와 '작품'을 별개로 생각해 버리면 문제는 거기서 끝난다. 하지만 그 때문에 마음을 다쳐 자꾸 신경쓰게 되면 기억이 더욱 강화되어 '나는 안 된다'는 식의 '고정관념'이 생기게 되고 만다. 이러한 고정관념에서 벗어나는 방법 중 하나가, 즉 약이 되는 방법 중 하나가 '디자인을 기피하게' 되는 것이다.

이제까지 없던 '새로운 것을 생각한다'는 것의 비밀은 '어떤 이미지'와 '다른 이미지'의 만남에 있었다. 여기에는 '좋았다'는 추억이 수반된다. 실제로 '고정관념'도 '어떤 이미지'와 '다른 이미지'의 만남에 있다. 하지만 여기에는 대개 '싫었다'는 추억이 수반된다. 가르치는 사람도 주의해야겠지만, 배우는 입장에서도 고정관념으로부터 어떻게 탈출할 것인지의 방법을 터득해야만 한다.

고정관념을 만들지 않도록, 그리고 아이디어를 얻기 쉽도록 이미지를 자유롭게 배치하는 것이 가장 좋다. 여기서 불교의 '선(禪)'에 대해 잠깐 배워보고자 한다. 선은 '불립문자(不立文字)', 즉 문자에 얽매이지 않는다는 것이다. '지관지좌(只菅只座)', 그냥 앉아있기만 하면 된다는 것이다. 이들 모두 생각을 할 때는 언어를 사용해서 생각하지 말고 이미지만으로 생각하라는 것이다.

서양에서는 '언어'에 기대를 걸어 언어로 철저하게 생각하는 것을 중요시 여겨 왔다. 언어에 의해 모여진 '지식'을 논리적으로 바르게 운용함으로써 인생상의 다양한 문제를 해결할 수 있다고 여겼다. '좀더 잘 살아가기'위해 언어를 최대한 도움이 되게 하려면 어떻게 해야 하는지에 대해, 서양에서는 엄밀한 언어학으로서의 논리학이나 인생에서 무엇이 가장 중요한지를 생각하는 철학을 점차 추구해왔다.

이와 반대로 동양에서는 언어에 지나치게 의존하면 실패한다고 여겨 가급적 언어를 사용하지 않고 해결하려고 했다. 문제해결 방법에 있어서 서양과 동양이 판이하게 다르다. 어쨌든 원흉은 결합하지 않아도 됐을 '어떤 이미지'와 '다른 이미지'의 결합에 있었으므로 다시 이를 원래대로 자유롭게 배치할 수 있으면 된다.

3 언어를 자유롭게 한다

언어에는 이미지와 달리 독특한 '함정'이 있다. 그 함정으로부터 벗어나는 방법을 몇 가지 얘기해보겠다.

_ '실체화'[1]에서 자유롭게

야마시타 마사오(山下正男)의 《새로운 철학》에 의하면 언어 사용법에 따라 실제로는 없는 것을 '실제 있는 것'처럼 느끼게 하는 독특한 힘이 있다고 말하고 있다.

건축디자인 분야에서는 '형태'를 예로 들 경우 파르테논 신전의 '형태'와 사그라다 파밀리아 교회의 '형태'가 분명히 다르다. '기능'이라는 언어도 기둥이나 보 등의 '역학적인 기능', 주방에서 작업하기 쉬운 '신체적 기능', 식물의 넝쿨이 스스로 줄기를 지탱하기 위해 감아 올라가는 '나선의 기능' 등이 각각 다르다. '구체적인 것'과 거리가 있는 '추상적인 형태'와 '추상적인 기능'이 '실제로 있다'고 생각하는 것은 잘못된 것이다. 이를 일컬어 '명사의 실체화'라고 한다.

'형용사의 실체화'에 대해 예를 들면 '파르테논 신전은 아름답다' 또는 '가우디의 건축은 아름답다'라고 말할 때 '아름답다(형용사)'에서 '미(명사)'가 생겨났지만 '미(美) 자체'가 존재하는 것으로 생각하는 것은 잘못된 것이다. 앞서 말한 《새로운 철학》에 의하면, 고대 그리스에는 '개개의 아름다움' 외에 '미 자체'가 존재한다고 여겨 '미의 여신'은 이러한 미 자체의 존재를 믿는 것에서 만들어졌다고 말했다. 그리고 미의 세계를 지배하는 것이 세상 어딘가에 실제로 존재하는 것으로 생각했다. 물론 오늘날에는 미의 여신이 존재

1) 실체화
추상적인 것이라도 손으로 만질 수 있는 것처럼 생각하는 것. 이념적인 것이라도 이 세상 어딘가에 실제로 존재하는 것처럼 생각하는 것. 언어의 경우 실제로 오감으로 느낄 수 있는 것처럼 생각하는 것

한다고 생각하지 않는다.

'부사의 명사화'란, 예를 들면 '…는 진실이다'라는 문장에서 진실을 주어로 하고 '진실인 것은 단지 하나…이다'라고 생각하는 것은 잘못된 것이라고 했다. 건축디자인 분야에서는 라이트의 '건축의 본질은 공간에 있다' The essence of architecture is space. 라는 유명한 말이 있다. 하지만 '본질'이라는 말이 있다고 해서 '본질적인 것은 단지 하나 …이다'라고 생각하는 것을 잘못된 것이다. 라이트의 말에서 자유로워지기 위해서는 건축에 다양한 속성이 있지만 그 중에서도 특히 중요한 속성은 '공간'이라고 생각하면 되는 것이다.

_ '모든 A는 B이다' 에서 자유롭게

문장 앞에 '모든'이 붙는 문장은 일상 대화에서도 자주 사용된다. 예를 들어 '모든 백조는 하얗다'고 말할 경우, 이 말이 일반적으로 잘못된 말은 아니지만 실제로는 검은 백조도 있는 것으로 밝혀졌다. '모든 A는 B이다. 모든 C는 A이다. 따라서 모든 C는 B이다' 이것이 논리학에서 말하는 삼단논법이다. 이 추론에서 잘못된 생각에 빠지기 쉬운 것은 바로 '모든'에 있다. '모든'이 계속해서 연쇄되어 가면 각각의 개성을 인식할 수 없게 되기 때문이다. 독특한 개성을 지닌 학생이 따돌림을 당하는 것도 대개 '모든 학생은 …'라는 생각이 학급에 존재할 때이다.

_ '무(無)가 존재한다' 에서 자유롭게

'There is nothing.'이라는 문장의 본래 의미는 거기에는 '아무것도 없다'는 것이다. 이를 'There is a building.(건물이 존재한다)'처럼 생각해서 '무(無)가 존재한다'고 해석하면 이는 잘못된 것이다. 건축디자인에서 사용하는 '공간'은 '아무것도 차지하지 않은 장소'라는 의미가 있다. 아무것도 차지하지 않은 장소에 대해 말하는 것이 '무(無)에 대해 말하는 것'과 같아지며, 그러면 아무것도 말할 수 없게 된다. '없다'는 말을 사용할 때에는 '무엇무엇이 없다'처럼 존재물의 부정형으로 사용하는 것이 맞다. 건축공간을 말할 때에는 공간을 둘러싸고 있는 벽, 천장, 바닥 등의 형태, 크기, 방향 등의 구체적인 '공간설정 요소'의 특징으로 말해야 한다. 즉 '존재하는 것'으로 말하면 된다는 것이다.

_ '역설(파라독스)' 에서 자유롭게

예를 들어 '급할수록 돌아가라'나 '지는 것이 이기는 것이다' 등의 말이 그렇다. 일반적으로 진리라고 여기는 설에 대해 그와 반대되는 설도 맞다고 하는 것이다.

건축에서는 미스의 'Less is more(더 적은 것이 더 많은 것이다)'가 전형적인 역설의 예라고 할 수 있다. 일반적으로 '많다'고 할 때는 '장식, 조형, 색채를 많이 사용한 것이 많다'로 이해하는 것이 맞다. 미스는 그와 반대로 '추상적인 순수기하형체를 사용하는 것이 오히려 더 많다'는 것을 말하고자 했다. 이 같은 경우 '언어'와 '언어'의 관계만으로 파악해버리면 모순에 빠지기 쉽다. 미스는 건축가이므로 작품에서 받는 '이미지'가 언어의 '의미내용'이 되고 있다고 생각하면 거기에는 모순이 없다. 하지만 평론가의 경우는 '앞에서 말한 언어'와 '나중에 말한 언어'의 내용이 다를 경우 둘 중 하나는 거짓이 된다.

_ '반어(아이러니)' 에서 자유롭게

가장 유명한 것이 소크라테스의 '무지(無知)의 지(知)'라는 말이다. 아무것도 알지 못하는 것처럼 보이지만 실은 아테네에서 가장 잘 알고 있는 사람은 소크라테스[2]였다는 내용을 암시하고 있다.

---

2) 소크라테스(Sokrates)
기원전 470~399. 고대 그리스의 철학자. 아테네에 살았으며 플라톤이 그의 제자이다. 저서는 없으며, 플라톤 등의 글을 통해 알 수 있다. 그의 대화는 항상 구체적 사실에 입각하며 목표로 하는 것은 보편적인 개념의 규정이었다. 그의 대화는 상대의 모순을 폭로해 풍자(아이러니)라고 일컬었으며, 실제로 아테네 사람들은 그를 좋아하지 않았다. 그의 기본적인 방법은 귀납법이었다.

벤츄리[3]는 포스트모던 건축가로 유명한데 《건축의 복합성과 대립성》[4]이라는 책을 쓴 이론가이기도 하다. 그는 자신의 디자인적 입장을 말함에 있어서 그 이전의 모더니즘 건축이 어떤 것이었는지에 대해 해설하는 것으로 시작했다. 그는 우선 르 코르뷔지에나 미스 등의 표어, 즉 '건축은 순수해야 한다'나 '건축은 합리적이어야 한다' 에 대해서 다루었다. 다음으로 그의 '작품'과 비교했다. 실제로 거기에서 얻을 수 있는 '이미지'는 복잡하고 모순으로 가득 차 있다고 지적했다. 마침내 '다양성'과 '대립성'으로 가득 차 있는 것이 '건축을 풍부하게 한다'고 결론 짓는다. 표현된 '언어'와 눈에 보이는 작품의 '이미지'의 차이를 '아이러니(풍자)'로 그리면서 건축의 또 하나의 모습을 보여주고 있다.

_ '이율배반(안티노미)' 에서 자유롭게

두 개의 상반된 명제, 즉 '정립these' 과 '반립antithesis'이 동등한 권리를 가지고 주장되는 것을 '이율배반antinomy=' 이라 한다. 언어를 중요시 여기는 서양에서는 자신이 무엇을 생각하고 있는지를 먼저 언어로 표현하는 것부터 시작한다. 언어로 표현된 것은 무엇이든 '명제'가 되며, 명제가 되면 다양한 판단대상이 된다. 예를 들면, 어느 것이 바르고 어느 것이 바르지 못한지, 어느 것이 상위이고 어느 것이 하위인지, 존재하는지 존재하지 않는지 등의 판단대상이 된다. 칸트[5]는 "우리를 둘러싼 '세계'를

---

3) 벤추리(Venturi, Robert)
1925~. 미국의 건축가, 건축이론가, 프린스턴대학원을 마치고 로마의 아메리칸 아카데미에서 유학했다. 펜실베이니아대학 등에서 제자들을 가르치며 근대건축에 대해 비판한 《건축의 복합성과 대립성》 이라는 책을 썼다. 대표작으로는 '어머니의 집'이 있다.

4) 《건축의 복합성과 대립성》
벤추리 저. 매너리즘에 빠져있던 근대주의를 어떻게 벗어날 것인지 모색되던 시기에 탈근대의 방향을 제시한 책으로 주목받았다. 르 코르뷔지에의 저서인 《건축을 향해》 이래에 가장 중요한 책으로 자리매김 되었다.

'인간의 인식'에서 독립된 것으로 생각하면 이성은 반드시 모순에 빠지게 된다"고 말했다. 이를 순수이성의 '이율배반'이라 불렀다. 예를 들면, 내가 쓴 이 책은 '언어'와 '이미지'가 중요한 키워드가 되고 있다. 거기서 '디자인을 생각하기 위해서는 언어가 필요하다'를 정립으로 세웠을 때 '디자인을 생각하기 위해서는 이미지가 필요하다'는 것을 반립으로 세울 수 있다. 어느 것이 맞는지 판단해야 할 때 '모두 맞다'고 하면 이를 '이율배반'이라 부른다. '이율배반' 상태로 두는 것을 싫어하는 사람에게는 '종합=synthesis'이라는 사고법도 있다. 신세시스는 현대 음악에서 사용되는 신세사이저의 어원이 되는 말이다. '디자인에는 이미지와 언어가 둘 다 똑같이 필요하다'고 하는 사고법을 택하고자 하는 사람이 이 방법을 이용하면 된다.

어쨌든 언어의 트릭에 빠져 복잡해지거나 고민하게 되는 일이 없도록 한다. 그 방법은 '이미지'와 '언어'를 잘 조화시키고 순수하게 생각하면 되는 것이다.

---

5) 칸트(Kant, Immanuel)
1724~1804. 독일 계몽기의 철학자. 고향인 케니히베르크에서 대학교수를 지냈으며 그곳에서 생을 마감했다. 비판철학을 논했으며, 독일 고전철학의 발단을 이루었다. 주요 저서에 《순수이성비판》, 《실천이성비판》, 《판단력비판》 등이 있다. 자연의 공간적—시간적 존재 및 법칙성은 인식활동을 하는 인간에게서 독립되어 있는 것이 아니라 주관이 파악하는 한에서의 '현상계'에 있다고 논했다. 초감성적인 것을 인식하려고 할 때 빠지는 모순은 이성이 가진 고유함이라고 했는데, 그러한 사고법은 나중에 변증법적 사고를 발전시키게 되었다.

맺음말

필자는 이 책을 쓰기 얼마 전에, 코르델의 《소피의 세계》라는 책을 읽고 매우 감동을 받았다. 그래서 처음엔 한 소녀를 등장시켜서 '건축이 뭐야?'라는 질문으로 시작해서 그 소녀가 여행을 다니며 건축이 무엇인지 알아가는 과정을 소설처럼 써볼까도 생각했었다. 그런데 결국은 보다시피 논문과 다를 바 없게 써버리고 말았다. 하지만 그런 시도를 해볼 생각이 어느 정도 있었기 때문에 뇌의 이해부터 세 가지 발상법에 이르기까지의 흐름을 나름대로 쉽게 설명했다고 생각한다.

필자가 세 가지 발상법을 생각했을 때의 이야기를 좀 해보려 한다. 기쿠다케(菊竹淸訓) 선생님의 사무소에서 일하던 시절 선생님은 종종 외부에서 강사를 초빙해 렉처를 듣게 하셨다. 그 중 나카야마(中山正和)라는 분이 있었는데, 다소 어려워 보이는 '공학신'이라는 타이틀로 강연하셨다. 그때는 잘 이해하지 못했지만 어느 날 기치죠지(吉祥寺)의 헌책방에서 그의 《연역, 귀납, 가설 설정》이라는 책을 발견해내 이를 다 읽고난 후 이제까지 생각하던 '창조'라는 것이 무엇인가에 4대한 의문을 단번에 풀 수 있었음을 지금도 생생하게 기억한다.

이제까지는 창조의 원리가 되는 것이 '하나'로 집약된다고 여겼고, 그것이 무엇인지만 알면 그 다음은 잘 될 것이라고 생각했었다. 그런데 그 책에서 '적어도 세 가지가 있다'는 것을 알게 되고 얼마나 기뻐했는지 모른다.

디자인 교육에 관여하면 건축에 대해 무엇을 '좋아하는지'를 전혀 다르게 하는 학생이 있음을 발견한다. 예를 들면, 르 코르뷔지에가 좋아하는 학생과 가우디가 좋아하는 학생의 경우, '생각하는 과정=논리'가 완전히 반대였다고 말할 수 있다. 학생과는 전혀 다른 기호를 가진 선생이 지도자로 관여하고 있기 때문에 창조성을 키우기 위해서는 학생 각각에 대한 구체적인 방법론을 갖지 않으면 오히려 학생의 능력을 파괴하는 것이 될 수도 있다. 또는 디자인 자체를 싫어하게 만드는 경우가 생길 수도 있다. 이 책을 쓰게 된 계기 중 하나가 바로 그동안 필자의 다양한 성공과 실패의 경험에서 비롯된 것도 사실이다.

이 책은 이제까지 없던 새로운 것을 생각하는 것에 흥미를 가진 사람, 건축디자인을 통해 생명 보존을 중요시하기를 바라는 사람, 보다 나은 삶을 위해 노력하는 사람에게 도움이 될 수 있다면 더없이 기쁠 것이다.

이 책을 쓰게 된 또 하나의 계기는 필자가 근무하는 문화여자대학의 우치다(內田靑藏) 교수와의 열띤 논의였다. 이 자리를 빌어 다시 한번 감사드린다. 또한 CAD도면 작성에 애써주신 동학건축디자인 연구실의 니시가와(西川輝美) 씨께도 감사드린다. 또 이 책이 완성되기까지는 선배 여러분들의 많은 문헌과 조사도 큰 도움이 되었다.

한권의 책을 만드는 것이 하나의 건축을 완성시키는 것과 다름없는 에너지를 요한다는 것을 절실히 경험했다. 끝으로 창국사 고토 다케시(後藤武) 사장님께 진심으로 감사드린다.

미야우지 가즈히코

참고문헌

建築・景観・環境

ウィトルーウィウス著, 森田慶一訳『ウィトルーウィウス建築書』東海大学出版会, 一九六九
J・サマーソン著, 鈴木博之訳『古典主義建築の系譜』中央公論美術出版, 一九七六
C・ジェンクス著, 竹山実訳『ポストモダニズムの建築言語』a+u, 一九七八 ― 一〇 臨時増刊互
太田博太郎監修, 伊藤要太郎校訂『匠明』鹿島出版会, 一九七一
柳亮著『黄金分割-ピラミッドからル・コルビュジェまで』美術出版社, 一九六五
R・ウイットコウワー著, 中森義宗訳『ヒューマニズム建築の源流』彰国社, 一九七一
中村敏男編『ルイス・カーン-沈黙と光明』エーアンドユー社, 一九七六
ロージェ著, 三宅理一訳『ロージェ建築試論』中央公論美術出版, 一九八六
ゲーテ著 前田富士男他訳『ゲーテ全集 第一四巻』潮出版社, 一九八八
THIEL, Philip『PEOPLE, PATH, and PURPOSE』University of Washington Press, 1999.
目崎茂和著 『図説風水学-中国4000年の知恵を探る』東京書籍, 一九九八
樋口忠彦著『日本の京觀-ふるさとの原型』春秋社, 一九八一
ル・コルビュジエ著, 吉阪隆 正訳『建築をさして』鹿島出版会, 一九七〇
C・アレグザンダー著, 平田翰那訳『パタン・ランゲージ-環境設計の手引き』鹿島出版会, 一九八四
R・ヴェンチューリ著, 伊藤公文訳『建築の多様性と対立性』鹿島出版会, 一九八二
井上充夫著『日本建築の空間』鹿島出版会, 一九六九
O・ボルノウ著, 大塚惠他訳『人間と空間』せりか書房, 一九七八

哲学・論理学・言語学・心理学・記号論

ローレソス著, 日高敏隆他訳『行動は進化する』講談社, 一九七六
ベルグソン著, 真方敬道訳『創造的進化』岩波書店, 一九八八
ドウルーズ著, 平井啓之訳『差異について』青土社, 一九九二

참고문헌

時実利彦著『眼で見る脳』東京大学出版会, 一九七九

フロイド著, 安田徳太朗訳『精神分析入門』角川書店, 一九六三

F・ソシュール著, 小林秀夫訳『言語学原論』岩波書店, 一九六九

ヴィトゲンシュタイン著, 板井秀寿他訳『論理哲学論考』法政大学出版局, 一九六八

S・ランガー著, 矢野萬理他訳『シンボルの哲学』岩波現代叢書, 一九六八

秋月龍民著『道元入門』講談社, 一九八七

フツサール著, 立松弘孝訳『内的時間意識の現象学』みすず書房, 一九六七

ポンティ著, 中島盛夫訳『知覚の現象学』法政大学出版局, 一九八二年

米盛裕二著『パースの記号学』勁草書房, 一九八一

川喜田二朗著『発想法』中央公論社, 一九六七

中山正和著『知恵の再発見』講談社, 一九八〇

西田幾太朗著『善の研究』岩波書店, 一九二二

原太郎著『花伝書考』未来社, 一九八三

ハイデッガー著, 桑木務訳『存在と無 上, 下』岩波書店, 一九七〇

カント著, 篠田英雄訳『純粋理性批判 上, 中, 下』岩波書店, 一九六六

デカルト著, 落合太朗訳『方法序説』岩波書店, 一九六九

プラトン著, 山本光雄訳『プラトン, 世界の大思想1』河出書房, 一九六五

アリストテレス著, 山本光雄訳『カテゴリー論, アリストテレス全集』岩波書店, 一九七一

山下正男著『新しい哲学-前科学時代の哲学から科学時代の哲学へ』培風館, 一九六七

J・コルデル著, 池田香代子訳『ソフィの世界』NHK出版, 一九九五

森宏一編『哲学辞典(普及版)』青木書店, 二〇〇〇

中島義明他編『心理学辞典』侑斐閣, 二〇〇二

디자인 뇌를 열다― 건축을 위한 창의적 발상

황희준

한양대학교 건축대학 건축공학부 졸업
한양대학교 건축학 석사
Texas A & M University 건축설계(석사) · 건축학(박사)
아키플랜 건축설계사무소
The Leonard Parker Associates, Architects,
Minneapolis, Minnesota, USA : Senior Architect
현재/ 한양대학교 건축대학 건축공학부 조교수

2006년 2월 20일 1판1쇄 인쇄
2006년 2월 25일 1판1쇄 발행

저 자	미야우지 가즈히코
역 자	황희준
발행인	강해작
발행처	기문당
주 소	서울시 성동구 하왕십리동 966-22
전 화	2295-6171(代)~5
팩 스	2296-8188
출판등록	1976. 10. 7 (1-44)
홈페이지	http : // 기문당 http : // www.kimoondang.com
I S B N	89-7086-844-5 93540
정 가	10,000원